先进电化学能源存储与转化技术丛书

张久俊　李　箐　丛书主编

固体氧化物燃料电池

Solid Oxide Fuel Cell

王绍荣　叶晓峰　周　娟　等编著

化学工业出版社

·北京·

内容简介

　　《固体氧化物燃料电池》是"先进电化学能源存储与转化技术丛书"分册之一，书中在对固体氧化物燃料电池原理进行简要概述之后，重点介绍了材料制备方法，电池表征手段，电堆、系统及其部件的制造方法和注意事项，并就技术的关键问题和思路进行了较为全面的介绍。此外，结合其逆向运行的高温电解水蒸气技术及能源互联网的发展需求，对固体氧化物燃料电池的进一步应用进行了展望。本书将有助于读者深入了解固体氧化物燃料电池相关技术的概况，快速熟悉该领域。

　　本书可供固体氧化物燃料电池领域科研人员、技术人员及高校相关专业师生参考，也可供相关领域管理人员参阅。

图书在版编目（CIP）数据

　　固体氧化物燃料电池/王绍荣等编著.—北京：化学工业出版社，2023.5
　　（先进电化学能源存储与转化技术丛书）
　　ISBN 978-7-122-43264-3

　　Ⅰ.①固… Ⅱ.①王… Ⅲ.①固体电解质电池-燃料电池
Ⅳ.①TM911.3

　　中国国家版本馆 CIP 数据核字（2023）第 062859 号

责任编辑：成荣霞
文字编辑：毕梅芳　师明远
责任校对：宋　玮
装帧设计：王晓宇

出版发行：化学工业出版社
　　　　　（北京市东城区青年湖南街 13 号　邮政编码 100011）
印　　装：北京虎彩文化传播有限公司
710mm×1000mm　1/16　印张 10¼　字数 169 千字
2023 年 8 月北京第 1 版第 1 次印刷

购书咨询：010-64518888
售后服务：010-64518899
网　　址：http://www.cip.com.cn
凡购买本书，如有缺损质量问题，本社销售中心负责调换。

定　　价：98.00 元　　　　　　　　　　版权所有　违者必究

当前，用于能源存储和转换的清洁能源技术是人类社会可持续发展的重要举措，将成为克服化石燃料消耗所带来的全球变暖/环境污染的关键举措。在清洁能源技术中，高效可持续的电化学技术被认为是可行、可靠、环保的选择。二次（或可充放电）电池、燃料电池、超级电容器、水和二氧化碳的电解等电化学能源技术现已得到迅速发展，并应用于许多重要领域，诸如交通运输动力电源、固定式和便携式能源存储和转换等。随着各种新应用领域对这些电化学能量装置能量密度和功率密度的需求不断增加，进一步的研发以克服其在应用和商业化中的高成本和低耐用性等挑战显得十分必要。在此背景下，"先进电化学能源存储与转化技术丛书"（以下简称"丛书"）中所涵盖的清洁能源存储和转换的电化学能源科学技术及其所有应用领域将对这些技术的进一步研发起到促进作用。

"丛书"全面介绍了电化学能量转换和存储的基本原理和技术及其最新发展，还包括了从全面的科学理解到组件工程的深入讨论；涉及了各个方面，诸如电化学理论、电化学工艺、材料、组件、组装、制造、失效机理、技术挑战和改善策略等。"丛书"由业内科学家和工程师撰写，他们具有出色的学术水平和强大的专业知识，在科技领域处于领先地位，是该领域的佼佼者。

"丛书"对各种电化学能量转换和存储技术都有深入的解读，使其具有独特性，可望成为相关领域的科学家、工程师以及高等学校相关专业研究生及本科生必不可少的阅读材料。为了帮助读者理解本学科的科学技术，还在"丛书"中插入了一些重要的、具有代表性的图形、表格、照片、参考文件及数据。希望通过阅读该"丛书"，读者可以轻松找到有关电化学技术的基础知识和应用的最新信息。

"丛书"中每个分册都是相对独立的，希望这种结构可以帮助读者快速找到感兴趣的主题，而不必阅读整套"丛书"。由此，不可避免地存在一些交叉重叠，反映了这个动态领域中研究与开发的相互联系。

我们谨代表"丛书"的所有主编和作者，感谢所有家庭成员的理解、大力支持和鼓励；还要感谢顾问委员会成员的大力帮助和支持；更要感谢化学工业出版社相关工作人员在组织和出版该"丛书"中所做的巨大努力。

如果本书中存在任何不当之处，我们将非常感谢读者提出的建设性意见，以期予以纠正和进一步改进。

张久俊

（上海大学/福州大学　教授；

加拿大皇家科学院/工程院/工程研究院　院士；

国际电化学学会/英国皇家化学会　会士）

李　箐

（华中科技大学材料科学与工程学院　教授）

随着"双碳"目标的提出，氢能与燃料电池技术迎来了快速发展的契机。固体氧化物燃料电池（SOFC）和电解池（SOEC）真正迎来了发展的春天。科技部在 2021、2022 年分别部署了多项 SOFC、SOEC 项目；潮州三环（集团）股份有限公司与广东能源集团联合开发的 210kW SOFC 热电联供系统顺利通过验收；潍柴动力股份有限公司发布了 120kW SOFC 热电联供系统；中国科学院上海应用物理研究所承担研发的 200kW SOEC 系统试车成功；索福人能源技术有限公司也开展了大功率 SOFC 系统运行的线上直播；一些著名央企开始关注并投入 SOFC/SOEC 的研发；一批由研发人员创业组建的专业化公司开始运作。以上这些电池事件都标志着 SOFC/SOEC 技术正在逐步走向成熟，其巨大的市场潜力也吸引着投资者的深切关注。

值此喜悦的时刻，我们也要清醒地认识到前面还有很多困难等着我们。目前国内相关电池系统运行时间尚短，电池寿命的直接证据不足，有关性能衰减的认知还处在理论和预测的层面；在成本方面，由于尚未实现大规模制造，电堆和系统的成本偏高；在配套部件（BOP）方面，由于市场小，开发商的热情不足，影响了系统示范的进度。美国、欧洲、日本等发达国家和地区在 SOFC/SOEC 技术研发方面起步早，实验数据和技术积累多。例如日本仅电池寿命方面就有多个国家项目的连续支持，这也是 Bloom Energy、Kyocera、Sunfire、Topso 等公司具有能够大规模推动技术产业化的底气。鉴于过去的经验和当前的形势，我国必须坚持自力更生、艰苦奋斗的优良传统，认真开发自己的核心技术。

SOFC/SOEC 的高温提供了快速的反应动力学，对应更高的效率；作为发电装置的 SOFC 可以"吃粗粮"并浓缩 CO_2；作为电解装置的 SOEC 可以共电解水蒸气和 CO_2。这些特点决定了 SOFC/SOEC 的战略性核心技术的地位，特别是在大规模可再生能源开发利用的新形势下，该技术尤为重要。但是，高温操作、更高温度制备、冷热循环等温度维度的引入决定了 SOFC/SOEC 技术的复杂性，特别是我国前期对 SOFC 的投入不足，产学研各团队之间的合作不够深入，客观上也阻碍了该技术的发展。但是我们也应该看到并充分肯定中国人的创造力，Bloom Energy 公司的电解质粉体、电解质片和部分 BOP 部件都是中国公司提供的，这些充分说明了我国的资源优势、成本优势和局部的技术优势。前述的各项系统开发的实现和示范验证进一步推动了自主技术的成熟，使 SOFC/SOEC 成为又一个有希望赶超世界同行的新赛道。在"双碳"背景下，只要充分发挥我国巨大的市场优势和原材料优势，借助日渐成熟的国内制造业基础，有效组织多年来培养的年轻人才，通过协同攻关解决长期稳定性、大规模制造、大功率系统的集成与控制等关键问题，我们就有希望早日实现 SOFC/SOEC 的产业化。

中国特色的 SOFC/SOEC 发展要求我们应该从市场的需求出发进行攻关。在生物质气发电、煤层气发电、分布式热电联供、充电桩、数据中心电源、SOEC 绿氢制造、共电解制合成气和可逆 SOFC/SOEC 储能等方面，我国有巨大的市场，只要大家一起努力，前途一片光明。

面对新的形势，我们应该团结起来，形成优势互补的团队，进行专业化的分工合作和技术开发。完全没有必要搞小而全什么都做，而应该做自己最擅长的部分，以便在产业链中占据重要地位。潮州三环（集团）股份有限公司仅电解质片这一项，每年就有数亿元的销售额。

为进一步推动 SOFC/SOEC 的商业化应用，本书重点介绍该技术近年来的新进展，同时加入关于成本和市场应用的内容。本书无意面面俱到，也没有系统性地追溯技术的发展历程和阐述理论体系，而是试图以尽可能浅显的方式，站在应用需求的角度，论述工程化技术开发人员经常遇到的问题，提供较为具体的解决方案，并阐述 SOFC/SOEC 各方面之间的联系。若本书对初入该行业的研究生、工程技术人员和管理人员能有所帮助，则是笔者内心的慰藉；若有不当之处，敬请读者朋友们批评指正。

希望更多的读者关注 SOFC/SOEC，也希望更多的有识之士关心和支持 SOFC/SOEC 产业，在此谨致衷心的感谢。

王绍荣

于徐州

第 3 章
SOFC 单电池构型及制备工艺　　47

第 4 章
电池堆关键技术　　62

第 7 章
发电系统的核心部件与集成简介 96

第 8 章
固体氧化物燃料电池数值模拟 111

第1章

绪　论

随着时间的推移，电力系统逐步进入第三代模式，即原来以化石能源为主的综合能源电力系统，逐步被替换为清洁能源和可再生能源发电为主的可持续发展模式，其中包括高效低成本的太阳能、风能等可再生发电技术、氢能生产和运输与燃料电池技术、高效低成本长寿命的储能技术、高可靠低损耗电力电子和新型输电技术、新一代电力系统运行稳定性分析和控制技术和人工智能技术等。尽管目前我国的可再生能源发电主要为水电、风电、核电和太阳能光伏发电，但燃料电池在可再生发电和储能中均可扮演重要角色，因此，燃料电池（fuel cell，FC）技术的日臻成熟将会推动第三代电力模式的进程，为能源产业领域带来革命性变化[1]。

燃料电池，又被称为连续电池，它可以不间断地直接将燃料和氧化剂中的化学能转变为电能[2]。燃料电池的发电无需经过热机的燃烧过程，也不借助传动设备，故能量转换效率不受卡诺循环效率的限制，可高达 40%～80%。同时，该技术对环境友好，在运行的过程中几乎没有 SO_x 和 NO_x 的排放，没有噪声和粉尘，能够在很大程度上降低环境污染。

1.1
固体氧化物燃料电池（SOFC）在燃料电池家族中的地位

燃料电池按照运行温度从低到高，分为五类：碱性燃料电池（alkaline fuel cells，AFC）、质子交换膜燃料电池（proton exchange membrane fuel cells，PEMFC）、磷酸型燃料电池（phosphoric acid fuel cells，PAFC）、熔融碳酸盐燃料电池（molten carbonate fuel cells，MCFC）以及固体氧化物燃料电池（solid oxide fuel cells，SOFC）。随着温度的升高，燃料电池剩余热能的利用价值增加，燃料电池的工作效率也在不断地提高，各类燃料电池的具体特征见表 1-1。

表 1-1 各类燃料电池及其特征

类型	碱性燃料电池（AFC）	质子交换膜燃料电池（PEMFC）	磷酸型燃料电池（PAFC）	熔融碳酸盐燃料电池（MCFC）	固体氧化物燃料电池（SOFC）
发明时间	1932 年	1955 年	1967 年	1980 年	1937 年
燃料	纯氢	纯氢	氢气	煤气、天然气、甲醇等	煤气、天然气、甲醇等
氧化剂	纯 O_2	大气中的 O_2	大气中的 O_2	大气中的 O_2	大气中的 O_2

类型	碱性燃料电池（AFC）	质子交换膜燃料电池（PEMFC）	磷酸型燃料电池（PAFC）	熔融碳酸盐燃料电池（MCFC）	固体氧化物燃料电池（SOFC）
电解质	KOH	聚合物膜	磷酸	熔融碳酸盐	固态离子导体
导电离子	OH^-	H^+	H^+	CO_3^{2-}	O^{2-}、H^+
电解质状态	液态	固态	液态	液态	固态
电极 阳极	Pt/Ni	Pt/C	多孔介质石墨（Pt 催化剂）	多孔质镍（无 Pt 催化剂）	金属陶瓷或者陶瓷
电极 阴极	Pt/Ag	Pt/C	含 Pt 催化剂＋多孔介质石墨＋聚四氟乙烯	多孔 NiO（加锂）	多孔陶瓷
工作温度/℃	50～100	约 80	约 200	约 650	600～1000
系统工作效率/%	35～40	30～40	40～45	50～65	60～70

固体氧化物燃料电池[3-4]与其它燃料电池相比，主要有以下优势：

① SOFC 是采用固体氧化物作为电解质，具有全固态结构，因而无腐蚀、无泄漏、安全性高，可以单体设计。

② SOFC 工作温度高（600～1000℃），在此温度下，电极反应迅速，且不需要使用贵金属如 Pt 等作为电极催化剂。

③ 发电效率高，不受卡诺循环限制，且燃料利用率高，高品质余热可以继续发电，也可以实现热电联供，能量利用率高达 80%～90%。

④ 燃料适用范围广，由于工作温度较高，可以直接使用诸如天然气、液化石油气、煤气化气等来自于化石能源的燃料，也可以使用乙醇、沼气、生物质气化气等来自于生物质的燃料，还可以使用甲醇、氨气等未来利用"绿氢"和 CO_2 反应得到的可再生燃料。

基于以上四点优势，SOFC 可以被认为是解决能源、环境问题的最有效途径之一。

1.2
SOFC 的工作原理

以氧离子传导型 SOFC 为例，其工作原理如图 1-1 所示，该电池由阳极、电解质和阴极三部分构成。阳极、阴极是电化学反应的场所，阳极通入燃料，阴极通入氧化剂。固体氧化物电解质起传递氧离子和分隔燃料及氧化剂的作用。在多孔阴极上，氧分子从外电路得到电子而被还原为氧离子：

$$O_{2(c)} + 4e^- \Longrightarrow 2O_{(e)}^{2-} \tag{1-1}$$

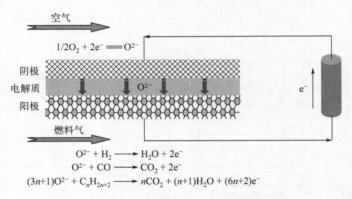

图 1-1　固体氧化物燃料电池原理图

氧离子传导型 SOFC 实际上是一种氧浓差电池，氧离子在氧浓差驱动下，通过电解质中的氧空位定向传递，迁移到阳极上与燃料发生氧化反应，阳极反应释放出的电子通过外电路流回到阴极：

$$2O_{(e)}^{2-} \Longrightarrow O_{2(a)} + 4e^- \tag{1-2}$$

上述反应式中，下标 c、e 和 a 分别代表阴极、电解质和阳极。

SOFC 电动势（EMF）或可逆电压 E_r 可由能斯特方程求得：

$$E_r = \frac{RT}{4F} \ln \frac{p_{O_{2(c)}}}{p_{O_{2(a)}}} \tag{1-3}$$

式中，R 为气体常数；T 为温度；F 为法拉第常数；p_{O_2} 为电极的氧分压。

阳极中燃料的种类和状态决定了 $p_{O_{2(a)}}$。若以氢气为燃料时，阳极反应为：

$$2O_{(e)}^{2-} + 2H_{2(a)} \Longrightarrow 2H_2O_{(a)} + 4e^- \tag{1-4}$$

电池的总反应为：

$$2H_{2(a)} + O_{2(c)} \Longrightarrow 2H_2O_{(a)} \tag{1-5}$$

设反应（1-5）的平衡常数为 $K_{(1-5)}$，则阳极处的 $p_{O_{2(a)}}$ 可表示为：

$$p_{O_{2(a)}} = \left[\frac{p_{H_2O_{(a)}}}{p_{H_{2(a)}} K_{(1-5)}} \right]^2 \tag{1-6}$$

将式（1-6）代入式（1-3），可得

$$E_r = E^{\ominus} + \frac{RT}{4F} \ln p_{O_{2(c)}} + \frac{RT}{2F} \ln \frac{p_{H_{2(a)}}}{p_{H_2O_{(a)}}} \tag{1-7}$$

式中，$E^{\ominus}$ 为标准状态下的电池电动势，可用下式计算得到：

$$E^{\ominus} = \frac{RT}{2F} \ln K_{(1-5)} \tag{1-8}$$

由化学热力学可知，在给定的温度和压力条件下，体系吉布斯自由能的减小等于它在可逆过程中做的非体积功。电池按电化学方式进行可逆过程，其非体积功是电功，等于电池两极间电势差（电动势）与电池反应中通过的电量（电荷数乘以法拉第常数）之积，故有：

$$\Delta G = -nFE \tag{1-9}$$

式中，E 为电池的电动势；ΔG 为电池反应的 Gibbs 自由能变化值；n 为 1mol 燃料在电池反应中转移的电子摩尔数；F 为法拉第常数。

在标准状态下 E_r 等于 $E^{\ominus}$，并可表示为：

$$E_r = E^{\ominus} = -\frac{\Delta G^{\ominus}}{nF} = -\frac{\Delta H^{\ominus} - T\Delta S^{\ominus}}{nF} \tag{1-10}$$

式中，$\Delta G^{\ominus}$ 为电池反应的标准 Gibbs 自由能变化值；$\Delta H^{\ominus}$ 为电池反应的标准焓变；$\Delta S^{\ominus}$ 为电池反应的标准熵变。

由于平衡常数与 $\Delta G^{\ominus}$ 的关系，式(1-8) 和式(1-10) 是完全等价的。

值得注意的是，热力学上的可逆过程，意味着无限缓慢，也就是电流为零，这样是不可能产生推动力的。实际应用时的电池具有必要的放电电流和功率，对应的是不可逆过程，必然会导致吉布斯自由能的损失。因此，SOFC 的实际工作电压将低于能斯特电动势。

1.3
SOFC 关键部件的材料构成

固体氧化物燃料电池由阳极、阴极、电解质、连接体及密封材料等部件组成。多个单体通过串并联形式，组合成电池堆。其中电极的主要功能是为电化学反应提供场所，并传导电化学反应产生的（或需要的）电子；电解质的主要功能为传导氧离子或质子；连接体的主要功能是将单体电池连接起来，实现大功率输出，并隔断燃料和空气的直接反应；密封材料则是将燃料和空气分隔密封在各自的流程区域内。

1.3.1　固体电解质材料

固体电解质是 SOFC 的核心材料，其性质（电导率、稳定性、热膨胀系数、致密化温度、厚度等）直接影响电池的工作温度和转换效率，并决定所匹配的电极材料及制备技术。SOFC 对电解质有以下要求[5-6]：

① 具有高的离子电导率、低的电子电导率。

② 在高温下的氧化、还原气氛中，结构、尺寸、形貌等具有良好的稳定性。

③ 在制备和运行条件下与电池其它组件具有化学相容性，不发生界面扩散。

④ 从室温到运行温度下与电池其它组件热膨胀系数相匹配。

⑤ 具有高致密度和足够的机械强度，从室温到电池的运行温度，电解质材料必须保证燃料气体和空气不发生串气，在电池制备和运行条件下不会开裂。

根据电解质的导电离子不同，可以分为氧离子传导型电解质、质子传导型电解质及碳酸盐复合电解质[7-8]。根据结构的不同，目前主流的电解质有萤石结构电解质、钙钛矿结构电解质。

1.3.1.1 萤石结构电解质材料

萤石结构的特点是阳离子位于氧离子构成的简单立方点阵中心，配位数为8，氧离子则位于阳离子构成的四面体中心，配位数为 4。在这种结构中，阳离子所形成的八面体空隙全部空着，因而利于氧离子的快速扩散。目前研究成熟的是稳定的氧化锆基电解质和氧化铈基电解质，氧化铋基电解质稳定性差。

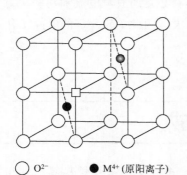

○ O²⁻　　● M⁴⁺（原阳离子）
□ 空位　　● M²⁺或M³⁺（掺杂阳离子）

图 1-2　含掺杂离子的萤石结构示意图

（1）氧化锆基固体电解质

纯 ZrO_2 离子电导率很低，并且相结构不稳定，所以纯 ZrO_2 无法满足 SOFC 电解质材料的要求。通常的解决办法是掺杂二价或者三价的阳离子，在 SOFC 的研究和开发领域广泛应用的是 8%（摩尔分数）Y_2O_3 稳定的立方 ZrO_2（YSZ），在 1000℃下其电导率数量级为 10^{-1} S·cm^{-1}。在 Y_2O_3 稳定的 ZrO_2 固溶体中，Y^{3+} 占据了 Zr^{4+} 点阵位置，并产生了氧空位 $V_O^{\cdot\cdot}$，如图 1-2 所示，其缺陷反应式为：

$$Y_2O_3 \xrightarrow{ZrO_2} 2Y'_{Zr} + V_O^{\cdot\cdot} + 3O_O^{\times} \tag{1-11}$$

表 1-2　不同稀土金属氧化物稳定的 ZrO_2 的电导率

掺杂物 M_2O_3	掺杂量（摩尔分数）/%	电导率（1000℃）/10^{-2} S·cm^{-1}	活化能/kJ·mol^{-1}
Nd_2O_3	15	1.4	104
Sm_2O_3	10	5.8	92

掺杂物 M_2O_3	掺杂量（摩尔分数）/%	电导率(1000℃)/10^{-2}S·cm^{-1}	活化能/kJ·mol^{-1}
Y_2O_3	8	10.0	96
Yb_2O_3	10	11.0	82
Sc_2O_3	10	25.0	62

除了 Y_2O_3 外，ZrO_2 还可以和多种稀土金属氧化物形成固溶体，表 1-2 所示为不同稀土金属氧化物稳定的 ZrO_2 的电导率数据。这些电解质材料中，Sc_2O_3 稳定的 ZrO_2，$Zr_{1-x}Sc_xO_{2-x/2}$（$x=0.08\sim0.11$，ScSZ），具有最高的氧离子电导率，其在 1000℃ 下的电导率为 0.25S·cm^{-1}，是 YSZ 的 2.5 倍，并且在较大的氧分压范围内保持着相稳定性。因此与 YSZ 相比，ScSZ 可作为中低温 SOFC 电解质材料。有研究表明，ScSZ 中掺入少量 Ce 时，ScSZ 的物相及电导率的长期稳定性得到了明显提升，是电解质的理想候选材料[9]。

（2）氧化铈基固体电解质

CeO_2 晶体结构和立方相 ZrO_2 相似，也为萤石结构。纯的 CeO_2 是一种混合半导体，其离子、电子和空穴电导率相当，而且都很低[10]。当纯的 CeO_2 中掺杂少量的碱土或稀土金属氧化物时，引入一定量的氧空位，能显著提高氧离子电导率，掺杂后的 CeO_2 一般仍保持立方萤石结构。图 1-3 为 800℃ 下 $(CeO_2)_{0.8}$ $(Ln_2O_3)_{0.2}$ 离子电导率与 Ln^{3+} 半径的关系。

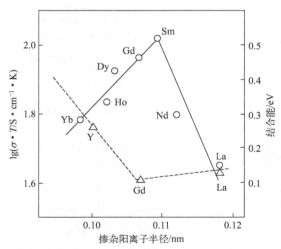

图 1-3　800℃ 下 $(CeO_2)_{0.8}$ $(Ln_2O_3)_{0.2}$ 离子电导率与 Ln^{3+} 半径的关系

在众多的掺杂 CeO_2 材料中，20%（摩尔分数）Sm_2O_3 掺杂的 CeO_2

（SDC）以及 20%（摩尔分数）Gd_2O_3 掺杂的 CeO_2（GDC）具有较高的电导率，其缺陷反应式分别如下：

$$Sm_2O_3 \xrightarrow{CeO_2} 2Sm'_{Ce} + V_O^{\cdot\cdot} + 3O_O^{\times} \quad (1\text{-}12)$$

$$Gd_2O_3 \xrightarrow{CeO_2} 2Gd'_{Ce} + V_O^{\cdot\cdot} + 3O_O^{\times} \quad (1\text{-}13)$$

由于在低氧分压下，掺杂的 CeO_2 材料中部分 Ce^{4+} 会被还原为 Ce^{3+}，产生电子电导，且其随着温度升高而急剧增加，同时引起材料体积膨胀，因此高温下掺杂氧化铈不是一个好的电解质。进入 20 世纪 90 年代后，随着 SOFC 向中温化发展，人们对其作为电解质的可行性有了新的认识。在温度低于 600℃时，掺杂 CeO_2 电导率要比 ZrO_2 基电解质材料高一个数量级，并且其电子电导率可以控制在允许的范围内，因而 CeO_2 基电解质材料成为人们的研究热点。

（3）氧化铋基固体电解质

在已知的氧离子导体电解质材料中，稳定的 Bi_2O_3 具有最高的离子电导率。纯 Bi_2O_3 有两种晶型，温度高于 730℃时，为 δ 型的立方萤石结构；温度低于 730℃时，为 α 型单斜结构。具有 25% 阴离子空位的 δ 型 Bi_2O_3 在接近熔点 825℃时，电导率达到最高。目前对 Bi_2O_3 的研究主要集中于掺杂以提高其稳定性方面。为了提高其稳定性和熔点，加入 MO（M＝Ca、Sr、Ba 等）或 M_2O_3（M＝La、Er、Dy、Fe、Sb）以及 M_2O_5（M＝V、Nb、Ta）形成二元或三元固溶体，但是稳定后的 Bi_2O_3 形成畸变的萤石结构，在 500～600℃处于亚稳状态，在此温度范围内会发生相变，从而导致电导率随时间变化而降低。虽然可以通过加入一些高价离子如 Zr^{4+}、Ce^{4+}、W^{6+} 来降低电导率衰减，但是仍然不能完全避免 Bi_2O_3 的相变[11]，这对电解质的稳定性来说是一个致命的缺陷。然而，因为其高的氧离子电导率和低的熔点，Bi_2O_3 作为复合电解质或电解质助烧剂仍然是目前中低温 SOFC 研究的热点。

1.3.1.2　钙钛矿结构电解质材料

理想的钙钛矿型 ABO_3 结构为立方晶系，如图 1-4。氧离子与半径较小的阳离子构成面心结构，体积较大的阳离子填隙，其中半径较小的阳离子 B 居于八面体中心，周围有六个氧离子，体积较大的阳离子 A 周围有 12 个氧离子。这种结构可以通过引入低价的阳离子取代 A 或 B 位形成氧空位，引起氧离子电导。

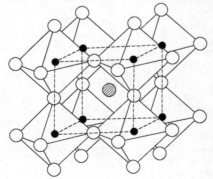

图 1-4　理想的钙钛矿型复合氧化物结构
　　　○—O^{2-}　　●—B^{3+}　　◐—A^{3+}

1994 年，Ishihara[12-13]、Goodenough 等报道了 Sr、Mg 掺杂的 LaGaO$_3$（LSGM）钙钛矿材料在中温下具有很高的氧离子电导率，在 700℃和 800℃时电导率分别为 0.08S·cm^{-1}和 0.17S·cm^{-1}，氧离子传输系数接近 1，掀起了 LSGM 钙钛矿材料的研究热潮。LSGM 电解质虽然电导率高，但是存在 Ga 挥发的问题。然而，GaO 的蒸气压会随着温度的降低呈指数下降，到 600℃左右其挥发就可以忽略。很多研究者用过渡金属元素对 LSGM 进行了掺杂改性，研究结果表明掺杂少量的 Co$_2$O$_3$，能够大大提高 LSGM 的电导率，进而提高电池性能。但是这类材料的缺点在于高温下与传统的 Ni 基阳极材料相容性差，在 1300℃以上 LSGM 容易与 NiO 发生反应，生成导电性能很差的 LaSrGa(Ni)O$_{4-\delta}$ 新相，不但会降低阳极材料的电化学活性，增加阳极与电解质的接触电阻，而且会在 LSGM 电解质中引入电子电导，造成 SOFC 开路电压降低。同时，此类电解质材料的结构与传统钙钛矿结构的电极材料相似，因此，相容性存在较大问题，目前研究重点集中于与阳极材料的相容性和电解质薄膜化。

此外，自从 Iwahara 等[14-15] 发现掺杂的 BaCeO$_3$ 和 SrCeO$_3$ 在中低温含氢或水蒸气气氛下具有优异的质子导电性以来，钙钛矿型质子导体氧化物作为固体氧化物电池的电解质材料成为新的研究热点。尤其是掺杂的 BaCeO$_3$ 质子导体，其质子电导率在 600℃时约为 10^{-2}S·cm^{-1}，高于相同温度下的 YSZ。针对这类钙钛矿结构立方晶相的质子导体，亟待解决的问题就是如何通过改性来进一步改善化学稳定性和电导率。目前，作为潜在的质子导体，广泛研究了被三价阳离子部分取代的 BaCeO$_3$ 基、BaZrO$_3$ 基质子导体以及 BaCeO$_3$-BaZrO$_3$ 固溶体。随着三价阳离子如钇离子（Y^{3+}）、镱离子（Yb^{3+}）的掺入，形成了氧空位，氧空位在含氧气氛中与氧气作用形成晶格氧和电子空穴，当电解质在含氢气或水蒸气气氛中时，水与氧空位或空穴的组合形成了间隙质子，再通过水的解离吸附将氧缺陷的传导转变为间隙质子的传导。质子的传导是通过 Grotthuss 型机制在相邻的晶格氧之间跃迁完成的，质子在固定的氧位点上的传输主要靠在氧离子附近质子的旋转扩散，随后向邻近的氧离子转移，同时随着氢与空穴的结合将导致质子浓度的增加和质子不断的自由迁移，使得质子电导率在中温（400～700℃）条件下不断增大，这也是目前被广泛认同的质子传导机理，即质子缺陷的旋转扩散-向邻近氧离子跃迁的机制。

1.3.1.3　其它结构电解质材料

磷灰石类氧化物 Ln$_{10-x}$(MO$_4$)$_6$O$_y$ 于 1995 年被 S. Nakayama 发现后立即引起固体电解质领域的高度重视。近年来，人们对磷灰石类氧化物进行了广泛的研究，在材料化学组成、晶体结构、氧离子电导率及其输运机制等方面均取得了长足的进展[16]。

　　磷灰石类氧化物是一种低对称性氧化物，属于六方晶系，空间群为 $P6_3/m$，晶胞参数具有 $a=b\neq c$、$\gamma=120°$、$\alpha=\beta=90°$ 等特征。图 1-5 为磷灰石类氧化物的晶胞结构：单位晶胞中含 10 个 Ln、6 个 [MO$_4$] 四面体及 2 个额外的 O。[MO$_4$] 四面体是晶体的基本结构单元，在 c 轴方向呈层状分布。因 [MO$_4$] 的电价饱和程度为 1/2，故 [MO$_4$] 四面体之间彼此不相连，以孤岛形式存在于结构中。金属 Ln 离子在结构中有两种位置：配位数为 9 的 $4f$ 位和配位数为 7 的 $6h$ 位，其数量比为 2∶3。$4f$ 位的 Ln 位于上下两层的 [MO$_4$] 四面体之间，与 6 个最近的 [MO$_4$] 四面体的 9 个顶角相连；而 $6h$ 位的 Ln 与 [MO$_4$] 四面体距离较远，围绕六次轴成环状分布，构成平行于 c 轴的孔道，两个额外的 O 占据 $2a$ 位，充填在平行于 c 轴的环状孔道中。

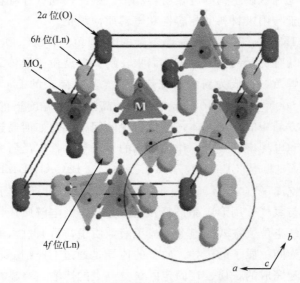

图 1-5　磷灰石类氧化物晶胞结构

　　研究表明，磷灰石类氧化物独特的性能与其晶体结构密切相关。如图 1-5 所示，$Ln_{10-x}(MO_4)_6O_y$ 氧离子电导率各向异性大，c 轴方向电导率比垂直于 c 轴方向的高了近一个数量级，且不同组分 $Ln_{10-x}(MO_4)_6O_y$ 的 c 轴方向电性能相似，氧离子电导率的大小相近。结合磷灰石类氧化物晶体结构的特点，认为氧离子电导率各向异性与其结构中填充在孔道中 $2a$ 位的额外氧离子直接相关，$2a$ 位氧离子沿 c 轴方向在孔道中移动比沿其它方向容易，从而导致 c 轴方向的氧离子电导率高于其它方向。此外，由 $6h$ 位的 Ln 构成的孔道尺寸远大于 Ln 离子自身大小，故 Ln 离子半径大小的改变对通道几乎没有影响，进而导致通道中氧的移动不受 Ln 半径变化的影响。因此，不同组分的 $Ln_{10-x}(MO_4)_6O_y$ 在 c 轴方向的离子导电性能相似、电导率大小相近。

由于磷灰石类氧化物 $Ln_{10-x}(MO_4)_6O_y$ 不含变价离子，因此是一种纯氧离子电导的氧化物，其电导率不随氧分压变化而变化[17]。此外，这类氧化物的另一特性是其氧离子迁移活化能低：$La_{10}Si_6O_{27}$ 的氧离子迁移活化能为 $73.8kJ \cdot mol^{-1}$。通过掺杂，其氧离子迁移活化能进一步降低，如 $La_{10-x}Si_{6-y}Al_yO_{27-3x/2-y/2}$（$x = 0 \sim$ 0.33，$y = 0.5 \sim 1.5$）活化能为 $(56 \sim 67)\ kJ \cdot mol^{-1} \pm 3kJ \cdot mol^{-1}$，$La_{9.83}Si_{4.5}$ $Al_{1.5-y}Fe_yO_{27+\delta}$（$y = 0.5 \sim 1.5$）的活化能为 $(77 \sim 107)\ kJ \cdot mol^{-1} \pm 34kJ \cdot mol^{-1}$，因此，在低温下更具优势。磷灰石类氧化物还在很宽的温度区（400～1200K）具有与常用电极材料相匹配的膨胀系数 $[(8.8 \sim 9.4) \times 10^{-6} K^{-1}]$ 和高的力学强度，如 $La_{10}Si_6O_{27}$ 的三点抗弯强度高达 100MPa。因此，其高氧离子电导率、低活化能和适中的热膨胀性能等优点使其成为一种在中低温下 SOFC 电解质的候选材料。

1.3.2　阴极材料

SOFC 阴极的作用是为氧化剂提供电化学还原反应的场所，并传导电化学反应产生的电子。作为阴极材料需要满足以下要求[18-19]：

① 在工作温度以及氧化气氛下保持结构、化学稳定性。

② 在烧结温度以及电池长期操作温度下与电池其它部件化学相容。

③ 从室温到操作温度和制备温度范围内，阴极材料都要与电池其它部件热膨胀系数相匹配，避免制备以及操作过程中的开裂和剥落。

④ 阴极材料在氧化气氛下的电导率要足够高，以减小电池的欧姆极化，并且电导率在电池操作温度下长期稳定。

⑤ 有足够高的催化活性，以降低氧气的电化学还原反应活化能，减少阴极极化损失。

⑥ 有足够的孔隙率来保证气体的扩散和迁移。

⑦ 有足够长的三相界面来保证气体的催化反应。

由于贵金属在氧化气氛中具有良好的催化性能和电导率，所以最先被用作 SOFC 的阴极材料。但是，因为其昂贵的成本很快被取代。目前 SOFC 使用的阴极材料一般为掺杂的氧化物，价格低廉且性能优越。研究和使用较多的是钙钛矿结构 ABO_3 型和尖晶石结构 A_2BO_4 型氧化物，如掺杂的 $LaMnO_3$、掺杂的 $LaCoO_3$、掺杂的 $LaFeO_3$、掺杂的 $La(Nd)_2NiO_4$ 和 La_2CuO_4 等。为了有足够的三相界面反应区和更为匹配的热膨胀系数，它们一般与电解质材料复合作为阴极材料[20]。

1.3.2.1 掺杂的 LaMnO₃ 阴极材料

掺杂的 LaMnO₃ 是目前研究和使用最多的 SOFC 阴极材料[21]。LaMnO₃ 属于立方钙钛矿结构，是一种通过阳离子空位导电的 P 型半导体。LaMnO₃ 在氧化气氛下高温烧结时，会出现氧过量，而在还原气氛下烧结会出现氧缺位。在氧化气氛下，LaMnO₃ 非常稳定，当在高温下氧分压过低时，LaMnO₃ 会分解为 La₂O₃ 和 MnO，但这个过程是可逆的。对未掺杂的 LaMnO₃，其临界氧分压为 $10^{-15} \sim 10^{-14}$ atm（1atm＝1.01325×10⁵Pa），临界氧分压与温度和掺杂量有关，温度越高，临界氧分压越高；相同温度下临界氧分压随掺杂量的增大而提高。

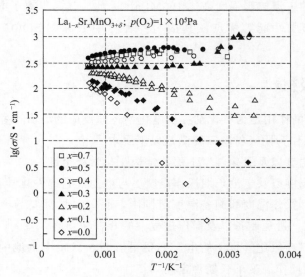

图 1-6　$La_{1-x}Sr_xMnO_{3+\delta}$（$0 \leqslant x \leqslant 0.7$）在氧气中电导率和温度的关系[22]

在 LaMnO₃ 中掺杂低价离子如 Sr、Ba、Ca、Cu 等在 A 位或 B 位形成更多阳离子空位，能够显著提高其电导率。Sr 掺杂的 LaMnO₃（$La_{1-x}Sr_x$）$_y$MnO₃₊δ，LSM）是最常用的 SOFC 阴极材料。LSM 的电导率随 Sr 掺杂量的提高逐渐增加，不同 Sr 掺杂量的 LaMnO₃ 电导率和温度的关系如图 1-6 所示。当 Sr 含量在 50%～55% 的时候，电导率达到最大。但当 Sr 含量高于 30% 时，高温下阴极会和 YSZ 电解质反应生成 SrZrO₃，不仅会降低阴极的反应活性，而且会极大地增加反应界面的电阻，因此实际使用的 LSM 的掺杂量通常低于 30%。LSM 的电子电导率较高，但是氧离子电导率很低，在实际使用中通常通过加入离子电导相如 SSZ、YSZ、掺杂 Bi₂O₃、掺杂 CeO₂ 等高氧离子电导率的材料组成复合阴极，增大阴极/电解质/气相三相反应界面（TPB），以提高阴极的活性，改善阴极微观结构。在使用 LSM 作阴极时，要求阴极烧结温度不能过高，在温度高于 1200℃时，LSM 容易和氧化锆基电解质反应生成电导率很低的 $La_2Zr_2O_7$，且在有电流通过的情况下，$La_2Zr_2O_7$ 更容易生成；研究表明，用 Pr、Nd、Sm 等来替代 LSM 中的 La 或者少量的 A 位缺位，可以有效抑制它们之间的反应。

1.3.2.2　掺杂的 $LaCoO_3$ 阴极材料

$LaCoO_3$ 为本征 P 型半导体，通常也采用低价的 Sr、Ba、Ca 等来进行 A 位掺杂或者缺位的研究，以提高其电子电导率[23]。在 1000℃时，$La_{0.8}Sr_{0.2}CoO_3$（LSC）和 $La_{0.8}Ca_{0.2}CoO_3$ 的电导率分别为 $1200S \cdot cm^{-1}$ 和 $800S \cdot cm^{-1}$，比 LSM 约高一个数量级。LSC 的表面氧交换系数大约在 $10^{-7} \sim 10^{-5} cm \cdot s^{-1}$，比 LSM 高近两个数量级，氧离子电导率较高。但是 LSC 在氧化气氛下的稳定性较差，且 1100℃左右就易与氧化锆基电解质反应生成 $La_2Zr_2O_7$，因此通常需要在 YSZ 电解质和 LSC 阴极之间引入一层 CeO_2 电解质，来阻隔阴极和电解质之间的反应。另外，$LaCoO_3$ 的热膨胀系数较大，约为 YSZ 的一倍，通过在 LSC 阴极材料中加入一定量的 Fe，形成 $La_xSr_{1-x}Co_yFe_{1-y}O_{3-\delta}$（LSCF）来调整 LSC 阴极材料的热膨胀系数和混合电导率。

随着 SOFC 工作温度的降低，对阴极材料在中低温（500～700℃）下的性能提出了新的要求，研究表明用 Sm、Ba、Pr 等替代 LSC 中的 La 所制备的 $Sm_{0.5}Sr_{0.8}CoO_{3-\delta}$、$Ba_{0.5}Sr_{0.5}Co_{0.8}Fe_{0.2}O_{3-\delta}$ 等材料，相同条件下比 LSC 显示出更优越的阴极性能，且与电解质材料的相容性有所提高，因此成为中低温燃料电池新型阴极材料的研究热点。

1.3.2.3　La（NiFe/Co）O_3 基阴极材料

随着 SOFC 工作温度的降低，相对廉价、易加工的合金作为 SOFC 的连接板材料成为可能。然而合金连接板的应用给阴极材料带来了新的挑战。在燃料电池操作温度和气氛下，合金连接板中的 Cr 在高温下会挥发生成 $CrO_3(g)$ 等 Cr 的氧化物，在有水存在的情况下很容易生成 $CrO_2(OH)_2(g)$，这些挥发物会覆盖在阴极表面，在电流的作用下沉积到阴极/电解质/气相三相界面处[24-25]。当使用 LSM 或 LSCF 作 SOFC 阴极时，挥发出的 Cr 很容易与阴极中的 Mn 和 Sr 反应生成 $(Mn,Cr)_3O_4$ 尖晶石和 $SrCrO_4$、$LaCrO_4$，加速阴极的劣化。开发新型中低温抗 Cr 污染阴极也是中低温 SOFC 的研究重点。Chiba 对掺杂的 La（Ni，M）O_3（M＝Al、Cr、Mn、Fe、Co、Ga）进行研究，结果表明 $LaNi_xFe_{1-x}O_{3-\delta}$

（LNF）满足 SOFC 阴极材料的要求，且当 $x=0.4$ 时，在 800℃具有 3 倍于 LSM 的电导率，膨胀系数（$11.4×10^{-6}K^{-1}$）与 8YSZ 相近。与传统 LSM、LSCF 阴极相比，La（NiFe）O_3 阴极与 Cr 挥发物有低的亲和性，在燃料电池操作环境下具有较强的抗 Cr 污染性能。Sornthummalee 等对 LNF 为阴极的电池性能进行研究，以 LNF 或 LNF-CGO 为阴极的电池性能优于相同条件下以 LSM 为阴极的电池。Chen 等[26] 也对 $LaNi_xFe_{1-x}O_{3-\delta}$ 做了系统的研究，发现此系列材料随着 Fe 含量的增加越来越稳定，化学扩散系数越来越高，但是电导率越来越低。电化学性能测试表明，LNF-55 和 LNF-46 两个组成也表现出较好的电极性能，有望成为具有较高电化学性能的抗铬污染阴极材料。人们研究了铬元素对三种阴极性能的影响，初步认为三种阴极材料中主要是镍元素与铬元素反应，铬元素沉积在阴极的驱动力为化学反应。

随着质子传导型电解质的研究成为热潮，新的阴极材料逐渐被开发出来。与传统 LSM、LSCF 阴极相比，La(NiCo)O_3 阴极更加匹配[27]，这类阴极材料要求在更低的温度下具有更好的电化学性能，因此对中低温下的离子电导，特别是质子电导提出了新的要求。与此同时，$BaCo_{0.4}Fe_{0.4}Zr_{0.1}Y_{0.1}O_{3-\delta}$（BCFZY）[28]、$NdBa_{0.5}Sr_{0.5}Co_{1.5}Fe_{0.5}O_{5+\delta}$（NBSCF）[29] 和 $PrBa_{0.5}Sr_{0.5}Co_{1.5}Fe_{0.5}O_{5+\delta}$（PBSCF）[30] 等可以三重载流子传导的单相阴极材料也逐渐被开发出来，当这类材料作为阴极时，材料内部可以同时传导电子、质子和氧离子，电极的 TPB 存在于整体电极中，电极反应速率快，同时对氧化还原过程具有较高的催化活性和良好的析水速率。

其中 Co 系材料被研究得最多，但是由于其高的热膨胀系数带来与电解质的热失配，有人研究了不含 Co 的阴极材料[31]。Zhou 等利用 $SrFe_{0.9}Nb_{0.1}O_{3-\delta}$（SFN）作为阴极的全电池，在 800℃获得了功率密度 $1403mW·cm^{-2}$ 的良好表现[32]。Yu 等则用 Ti 代替 Nb，同样进行 B 位掺杂获得了 $SrFe_{1-x}Ti_xO_{3-\delta}$（SFT）阴极，在 800℃下 0~15% 的 Ti 掺杂后，均获得了 $400mW·cm^{-2}$ 以上的功率密度[33]。Chen 等发现 $La_{0.5}Sr_{0.5}Fe_{0.9}Mo_{0.1}O_{3-\delta}$（LSFMo）作为阴极，与 SDC 和 LSGM 电解质具有很好的化学相容性，并在以 LSFMo-20SDC 作为阴极，LSGM 支撑的电池中表现出 $226mW·cm^{-2}$ 的最大功率密度（700℃）[34]。Shao 等[35] 则针对最典型的类钙钛矿阴极材料 La_2NiO_4 进行了研究，在 700℃下阻抗为 $1.5\Omega·cm^{-2}$，最大功率密度为 $320mW·cm^{-2}$。配合 LSGM 电解质时，类钙钛矿型阴极材料 $La_2Ni_{0.8}Cu_{0.2}O_{4+\delta}$ 在 800℃时也表现出不错的电化学性能[36]。虽然 SOFC 阴极材料中，无钴型阴极材料已经受到越来越多研究者的关注并取得了长足的进步，但距离钴基阴极的性能表现还有所欠缺，并且距离大规模产业化应用仍是任重道远，有待越来越多的相关学者和研究人员开展更为深入的探索与开发。

1.3.3 阳极材料

燃料电池中，阳极材料的主要作用是作为电化学反应的催化剂，为燃料气体的电化学氧化提供反应场所，并将反应生成的电子及时导出到外电路。SOFC阳极材料必须满足以下基本要求[37]：

① 在燃料气氛中（氧分压为 $10^{-20} \sim 10^{-18}$ atm），阳极材料必须具有足够的化学、结构、形貌尺寸稳定性。

② 在燃料气氛中和操作温度下，阳极材料必须具有足够高的电子电导率，能及时将反应生成的电子传输到连接体。

③ 在电池制备温度和操作温度下，阳极不与相邻电池部件发生反应，具有足够低的元素扩散。与其它部件的热膨胀系数相匹配，避免升降温过程中的开裂、变形或剥落。

④ 为了使燃料气体能够渗透到电极/电解质界面参与电化学反应，并将反应后生成的水等产物及时排出，阳极材料应具有多孔结构。

⑤ 阳极材料必须对燃料气体的电化学氧化具有高的催化活性。

⑥ 当使用碳氢化合物为燃料时，阳极材料必须具备抗碳沉积能力。通常燃料中有含硫气体，要求阳极对这些杂质性气体具有抗毒化、抗污染性能。

目前，主要研究的阳极材料体系有：①Ni-YSZ、Ni-GDC 或 Ni-SDC 金属陶瓷阳极材料。②针对碳氢化合物燃料的直接转化而开发的新型阳极材料体系 Cu-CeO_2-YSZ 和复合金属氧化物材料。

1.3.3.1 Ni-YSZ 阳极材料

Ni-YSZ 金属陶瓷是目前研究最多、使用最广泛的 SOFC 阳极材料[38-40]。其中，Ni 对 H_2 的氧化具有很高的催化活性，而且价格较低；加入 YSZ 不仅可以匹配支撑阳极和电解质材料的热膨胀系数，而且可以使电化学反应的三相界面向空间扩展，增大阳极中三相界面的长度。Ni-YSZ 阳极高温下长期运行也存在 Ni颗粒烧结的问题，如果 YSZ 能够形成连续的骨架以负载 Ni 颗粒，该问题就可以得到部分缓解。Ni 在 YSZ 颗粒表面的分布均匀性、连通气孔的尺寸大小和分布等均影响着阳极的性能。

制备 Ni-YSZ 阳极材料的工艺有很多种，包括传统的陶瓷成型技术（流延法、轧膜法）、涂膜技术（丝网印刷、浆料涂覆）和沉积技术（化学气相沉积、等离子喷涂、磁控溅射）等，实际采用的工艺取决于电池构型、形状及成本等要素。

近年来，Ni-ScSZ 因为其对内重整更好的催化活性，被认为比 Ni-YSZ 具有更好的抗碳沉积性能，在含碳燃料的阳极材料中得到了较多研究。

1.3.3.2　Ni-SDC/GDC 阳极材料

在中温 SOFC 中，Ni-SDC/GDC 金属陶瓷是研究比较多的阳极材料。与 YSZ 相比，SDC/GDC 具有更高的氧离子电导率，且在还原气氛中会产生一定的电子导电性，从而使电极的反应活性区域向材料内部扩展，因而具有更好的反应活性。CeO_2 材料由于其具有混合导电性和很好的氧存储能力，被较多地用来作为碳氢化合物阳极材料使用。但作为支撑阳极而言，Ni-SDC/GDC 阳极材料的机械强度较差。

1.3.3.3　Cu-CeO$_2$-YSZ 阳极材料

自从 R. J. Gorte 等 2000 年发现 Cu-CeO$_2$-YSZ 阳极材料以来，该材料就以其对含碳燃料良好的催化氧化活性而受到众多 SOFC 研究者的关注。Cu 导电性较好，而且不会催化碳氢化合物燃料碳-碳键的断裂；CeO_2 则由于其还原气氛中特殊的离子-电子混合导电性，而对催化碳氢化合物具有较好的催化氧化活性。Cu 及其氧化物的熔点较低，因此 Cu-CeO$_2$-YSZ 阳极材料很难采用传统陶瓷的高温烧结法来制备，通常首先制备多孔的 YSZ 基体，然后将 Cu 和 CeO_2 颗粒通过液相浸渍法注入该多孔基体中。

1.3.3.4　复合金属氧化物阳极材料

近年来，针对直接使用碳氢化合物燃料的 SOFC 阳极材料的需要，具有离子-电子混合导电性的氧化物阳极材料得到了广泛的研究[41-43]。主要包括萤石型的掺杂 CeO_2，钙钛矿型氧化物如钛酸盐（$SrTiO_3$）、铬酸盐（$LaCrO_3$）等，双钙钛矿结构的 $Sr_2MgMoO_{6-\delta}$ 和钨青铜结构的 $A_{0.6}B_xNb_{1-x}O_{3-\delta}$（A＝Ba、Sr、Ca、La；B＝Ni、Mg、Mn、Fe、Cr、In、Sn）等。

$A_xSr_{1-x}TiO_{3-\delta}$（A＝La、Y、LST、YST）等在很低的氧分压下有较高的电子电导率，YST 与新型电解质 $La_{0.8}Sr_{0.2}Ga_{0.8}Mg_{0.2}O_{3-\delta}$ 有良好的相容性，而且 YST 具有很好的抗氧化-还原能力，但钛酸盐阳极的缺点在于其对碳氢化合物的催化活性较差。研究表明掺杂的 $LaCrO_3$ 材料 $La_{1-x}Sr_xCr_{1-y}M_yO_{3-\delta}$（M＝Mn、Fe、V），在还原气氛中到 1000℃ 仍然保持化学稳定，且对含碳燃料直接催化时没有明显的碳沉积产生。Tao 等在 2003 年报道了具有氧化还原稳定性的

$La_{0.75}Sr_{0.25}Cr_{0.5}Mn_{0.5}O_{3-\delta}$（LSCM）阳极材料，在900℃下，3％$H_2O$加湿的氢气气氛下极化为0.2$\Omega \cdot cm^2$；氢气气氛和甲烷气氛下电池得到0.47W·$cm^{-2}$和0.2W·$cm^{-2}$的功率密度。LSCM材料的主要缺点是其在还原气氛下的电子电导率较低。

双钙钛矿型材料$Sr_2MgMoO_{6-\delta}$系及$Sr_2FeMoO_{6-\delta}$系阳极[44-45]对于碳氢化合物燃料具有良好的催化活性，抗积碳和抗硫性能较好，A位缺位或B位掺杂Nb、Mn或V等元素能进一步提高其电化学性能。但含Ba的双钙钛矿型材料由于钡离子半径较大，接近稳定立方相的界限，长时间运行后可能会产生分解，针对以上问题，还需要进行进一步的研究。而$Sr_2CoMoO_{6-\delta}$、$Sr_2NiMoO_{6-\delta}$、$Sr_2CrMoO_{6-\delta}$和$Sr_{1.9}VmoO_{6-\delta}$等在碳氢化合物燃料中都表现出了不错的电化学性能，但其长时间稳定性和催化机理还需要进一步研究。

1.3.4 连接体材料

固体氧化物燃料电池的单体电池功率是有限的，只能够产生1V左右的电压。把单体的燃料电池以各种方式（串联、并联、混联）连接组装起来，才能得到大功率的电池组，这就需要连接体[46-49]。

SOFC连接体的功能是连接相邻单电池的阳极和阴极。对于平板式燃料电池来说，也可以阻隔相邻单电池间阳极侧的燃料气体和阴极侧氧化气体。对于常见的SOFC结构，无论是平板式电池还是管式电池，对于连接体材料的要求和成本相对整个电堆构件来说都相当高。所以对于高性能低成本SOFC连接体的研究十分关键。

SOFC对连接体的要求：

① 良好的高温导电性、导热性以及化学稳定性；

② 与其它组件相协调的热膨胀性以及良好的气密性；

③ 优良的高温机械强度；

④ 易于制备和成本低廉。

目前各种材料的连接体都无法完全符合上述各项要求。SOFC连接体材料大致可分为三类：陶瓷材料、金属材料和复合材料。陶瓷连接体材料以铬铁矿基钙钛矿氧化物为主，例如Sr、Ca掺杂的La、Cr氧化物，在固体氧化物燃料电池的工作环境下表现出良好的导电性和抗氧化性，但高温下的热冲击韧性不够，在低氧分压的阳极环境中易变形，很难加工成复杂的形状，且价格昂贵。随着SOFC的中低温化，阳极支撑和金属支撑型固体氧化物燃料电池得到发展，电池的工作温度可以降低到600～700℃，这使得金属材料作为连接体材料的可能性成为现实。与陶瓷材料相比，金属材料具有更高的电子电导率和热导率，且容易加工成复杂的形状，价格低廉。常用的金属材料有含 Cr 的铁素体不锈钢和高温合金。但金属材料表面易氧化导致电池内阻变大，Cr 氧化物挥发导致阴极毒化等，这也是需要研究、克服的问题。最新的研究结合陶瓷材料与金属材料的优点与缺点，提出了一种新型的类似三明治结构的复合连接板结构。复合连接体中间基板采用铬基或镍基耐热合金，阴极侧为氧化气氛下稳定的导电陶瓷保护层。这样的复合材料既保证了高温氧化性，又容易加工烧结致密化。下面将具体介绍目前常用的几种陶瓷材料与合金材料。

1.3.4.1　$LaCrO_3$ 基陶瓷材料

$LaCrO_3$ 是一种钙钛矿型氧化物，其熔点极高，在氧化气氛中，$LaCrO_3$ 具有确定的氧化学计量，但在高温下、还原气氛中则会变为氧缺位。$LaCrO_3$ 在空气中烧结性能很差是由于高温氧化气氛下 CrO_3 的挥发，最终使材料无法烧结致密，并且还存在着导热性能差、成型困难等问题。可行的解决办法有：采用比表面积大的超细粉体、加入烧结助剂、采用液相烧结法、在还原气氛下烧结等。

一般通过掺杂改善 $LaCrO_3$ 的电导率、热膨胀系数等性能，通常用 Sr^{2+} 或 Ca^{2+} 取代 La^{3+}，或者用 Mg^{2+}、Fe^{2+}、Ni^{2+}、Co^{2+} 等取代 Cr^{3+}，但掺杂会影响 $LaCrO_3$ 的烧结性，导致其在烧结过程中形成短暂的液相。$LaCrO_3$ 中掺杂碱土金属可使导电性能、热学性能、烧结性能等方面都有很大的改善，但也仅仅使 $LaCrO_3$ 基材料相变点转变，却不能从根本上消除相变。

1.3.4.2　$PrCrO_3$ 基陶瓷材料

$PrCrO_3$ 基材料成功解决了 $LaCrO_3$ 中相变的问题，并可以降低烧结温度、增大电导率、提升烧结的致密度等。但由于镨离子存在变价问题，化学稳定性较差，这类材料的使用仍在实验与论证中。

1.3.4.3　其它陶瓷材料

其它可用于 SOFC 连接体的材料还有 $CoCr_2O_4$ 和 $YCrO_3$ 等，其中 $YCrO_3$ 的耐火性能不如 $LaCrO_3$，但是 $YCrO_3$ 在燃料电池工作环境中具有更好的稳定性，很少发生界面反应和氢脆现象，因此是比较看好的连接体材料，但是目前还处于性能研究阶段。

1.3.4.4　Cr 基合金

含铬合金材料的热膨胀率和 SOFC 其它部件的热膨胀率较为接近，同时有较好的力学性能，易制备且低成本。含铬的合金材料在高温下表面会形成一层 Cr_2O_3 薄膜，这层薄膜对合金体有一定的保护作用。同时，Cr_2O_3 和其它金属氧化物相比，有较高的电导率。对于金属的易氧化性，可以通过往合金中微量地掺入 Y、Ce、La、Zr 等元素，阻止氧气或氧离子向材料内部扩散，提高材料的抗氧化能力，形成氧化物弥散强化合金，即 Cr 基 ODS 合金，这同时也提高了合金材料的力学性能。

尽管含铬的合金材料有许多很好的性能，但是其长期稳定性仍需要关注，挥发的 CrO_3 和 Cr 的水合物会加速氧化层的增长，同时导致 Cr 向阴极扩散生成低导电性产物，降低阴极的催化活性，从而大大影响电池的性能。通常采用在合金表面涂覆上一层掺 Ca 或 Sr 的 $LaCrO_3$ 保护膜的方法，来提高抗氧化性和延长使用寿命。

1.3.4.5　Ni 基合金

与 Cr 基合金相比，Ni 基合金具有更高的耐热温度（高达 1200℃）和耐高温强度，Ni-Cr 系合金发生氧化后的产物 NiO 和 Cr_2O_3 都具有显著降低氧扩散速度的作用，可形成良好的抗氧化保护层。常见的 Ni 基合金主要包括 Haynes230、Inconel625、Inconel718 等。如 Haynes230 合金具有很好的高温导电性，抗氧化性能优异，但其氧化后的产物 $MnCr_2O_4$ 导电性能差。另外，镍基合金的热膨胀系数较大，所以其作为连接体材料使用有较大的局限性。

1.3.4.6　铁素体不锈钢

Fe 基合金是由 Fe 和 Cr 两种主要元素组成的铁素体不锈钢，由于价格低廉并且具有良好的延展性而逐渐被人们重视。与 Ni 基合金和 Cr 基合金相比，铁素体不锈钢有更强的化学稳定性，气密性良好且易于加工，成本低廉。

由于生成稳定氧化膜的合金中 Cr 含量不得少于 17％，所以作为抗氧化元素的 Cr 含量一般在 17％～28％。Fe 基合金的高温抗氧化能力较差，其高温氧化速率较快，甚至会导致氧化膜的破裂、剥落，其氧化后的 ASR（面比电阻）值也比较高，主要通过加入 W、Mo 及少量的 Al、Zr 等元素，在不增加合金膨胀系数的同时增加其抗高温氧化能力。微量稀土元素的添加能有效地改善合金氧化层性能，有利于控制合金表面氧化膜的生长机制，以适应 SOFC 的应用需求。目前常见的铁素体不锈钢主要包括 Fe-16Cr（SUS430）、Fe-22Cr（ZGM232）、Fe-Cr-Mn、Fe-Cr-Mo、Fe-Cr-W 等。

当然，所有的金属连接体材料都需要经过表面处理才有可能适应 SOFC 的使用环境。在 SOFC 苛刻的工作条件中，涂层材料的选择种类非常有限。目前研究较为广泛的涂层材料主要有：钙钛矿陶瓷、稀土元素及其氧化物、尖晶石和其它导电氧化物涂层等。而从导电性、抗阴极毒化以及与电池其它组件的热膨胀系数匹配性等方面考虑，尖晶石涂层是目前作为 SOFC 连接体涂层的最佳选择。

1.3.5　密封材料

在 SOFC 发电过程中，电池一侧是燃料气体，另一侧是氧化性气体，两种气体不能发生接触。因此，密封材料必须有足够的气密性，以保证 SOFC 电堆的正常运行。一般认为，SOFC 电堆的发电寿命应为 80000h 以上，但目前的技术水平与 SOFC 产业化还有相当长的距离，其中高温密封一直是制约 SOFC 发展的主要技术难点之一，尤其是密封材料的循环寿命。密封材料必须要满足如下要求[49-52]：

① 热力学上，具有良好的热稳定性，良好的热膨胀系数匹配性和变形能力以消除应力，良好的气密性以隔绝氧化剂和燃料气体；

② 有足够的机械强度和抗压能力以保持结构完整；

③ 与电堆相邻组件间良好的化学相容性，在湿热环境中具有长期的化学稳定性，对氢腐蚀有良好的抵抗能力；

④ 高温绝缘性，避免短路；

⑤ 制造工艺可靠性高、成本低、能与相邻组件匹配并容易装配。

表 1-3　密封材料的热膨胀系数 CTE ($9.5 \times 10^{-6} \sim 12.0 \times 10^{-6} K^{-1}$)

密封材料			热膨胀系数 /K^{-1}	参考文献
玻璃及玻璃-陶瓷复合体系	硅酸盐系	$SrO-CaO-B_2O_3-SiO_2-GeO_2$ (SCBSG)	$9.9 \times 10^{-6} \sim 11.2 \times 10^{-6}$	[53]
		$RO-Al_2O_3-SiO_2-B_2O_3$ ($R=Mg$、Ca、Ba、Sr)	$10.3 \times 10^{-6} \sim 11.1 \times 10^{-6}$	[54]
		$CaO-MgO-SiO_2$ (CMS)	12.0×10^{-6}	[55]
		$SrCO_3-Al_2O_3-SiO_2$ (SAS)	12.5×10^{-6}	[56]
	硼酸盐系	$BaO-Al_2O_3-La_2O_3-B_2O_3-SiO_2$	10.75×10^{-6}	[57]
		$SrO-La_2O_3-Al_2O_3-B_2O_3-SiO_2$	$8.0 \times 10^{-6} \sim 13.0 \times 10^{-6}$	[58]
	磷酸盐系	$SnO-CaO-P_2O_5$ (SCP)	$9.0 \times 10^{-6} \sim 10.0 \times 10^{-6}$	[59]
金属基体系		Ag-Cu-Ti	$15.0 \times 10^{-6} \sim 20.0 \times 10^{-6}$	[60]
云母基体系		白云母[$KAl_2(AlSi_3O_{10})(F,OH)_2$]	7×10^{-6}	[61]
		金云母[$KMg_3(AlSi_3O_{10})(OH)_2$]	10.3×10^{-6}	

固体氧化物燃料电池的工作温度一般为 $600 \sim 1000℃$ 的高温，因此对密封材

料的要求很高。对于平板式 SOFC，主要有两种不同类型的密封方式：硬密封和压缩密封。硬密封材料需要具有良好的黏结性能，且与需要密封的界面浸润性良好，同时其热膨胀系数还必须与相邻电池组件匹配。表 1-3 对目前常见的密封材料的热膨胀系数进行了总结。目前，应用于平板式 SOFC 高温硬密封材料的研究，主要集中在以硅酸盐、硼酸盐、磷酸盐为基础的玻璃和玻璃-陶瓷复合材料；而压缩密封材料不需要紧密地固定（或黏合）到另一 SOFC 组件上，因此对于压缩密封材料的 CTE 匹配要求不高，它主要包括金属基材料和云母基材料等。

1.3.5.1 玻璃-陶瓷密封材料

玻璃-陶瓷密封材料是在材料还处于玻璃态时，经热处理后把玻璃转变为高强度的微晶玻璃，从而达到最终封接的目的。其中密封材料主要由 CaO、Al_2O_3、SiO_2 组成，由于玻璃具有良好的黏结性和浸润性，使封接界面致密，而陶瓷则可以避免流动和电池运行过程中不可控的累积性结晶。该材料具有易于规模制备、封接简单、成本低廉等优点，是最常见的 SOFC 密封材料，商业化应用前景广阔。但是刚性的玻璃密封材料具有脆性大、使用寿命低的缺点，会影响电堆的升温过程，而且玻璃在高温下有结晶的趋势，因而影响了其热稳定性和化学稳定性。故玻璃-陶瓷密封材料的发展方向主要是通过拓展组分选择、发展复合材料及优化工艺，以进一步降低反应性、提高强度与韧性，同时大力发展有机前驱非氧化物陶瓷材料。

1.3.5.2 金属基密封材料

金属材料的脆性比陶瓷低，且在高温下有一定的塑性变形能力，更能满足 SOFC 对密封材料热应力和机械应力的要求。一般多使用 Ag、Au 等较稳定的金属和特殊的耐热金属材料作为 SOFC 密封材料。但为避免金属材料直接连通金属连接体，在装配 SOFC 电堆时，必须与绝缘材料配合使用。金属直接作为密封材料必须能很好地润湿相邻陶瓷，并形成可靠的金属-陶瓷黏结层，通常解决的方法是加入反应型的金属，如 Ti，提高金属对陶瓷的润湿性能。但其相关密封技术研究仍不够充分，尤其是材料本身在 SOFC 工作环境下的长期稳定性。另外，由于金属材料须和绝缘材料配合使用，增加了密封面积，其应用成本也相对较高。

1.3.5.3 云母基密封材料

云母基密封材料是目前研究与应用较多的一种压缩密封材料。它是一种层状硅酸盐材料，具有较高的电阻率和介电常数，主要应用的有白云母和金云母两种，前者的热膨胀系数约为 $7×10^{-6}K^{-1}$，而后者约为 $10.3×10^{-6}K^{-1}$。云母基密封材料可以通过材料内部片状结构之间的位移和密封材料与相邻部件之间的位移，来消除热应力，因此其密封效果较好。在此基础上也陆续开发了一些云母复合密封材料，其热循环性能可以基本满足 SOFC 商业化需要，应用前景也较广阔。但是钾元素的存在会与其它部件发生反应并影响 SOFC 电堆性能，而且会对环境造成污染。

1.4
SOFC 的产业化概况

SOFC 因其发电效率高等优点，是各国争相开发的新一代能量转换技术。到目前为止，美国的燃料电池分布式电站和日本的家用燃料电池系统已开始逐步商业化，欧洲的家用燃料电池热电联供技术也已进入商业化前夕的场地测试阶段。

日本从 1978 年的"月光计划"起，氢能和燃料电池就作为重要的研究内容之一，政府给予了大量的财政投入。到 2009 年，ENE-FARM 燃料电池热电联供系统正式进入市场，计划目标是到 2030 年累计达到 530 万套，该计划中，大阪燃气、爱信精机和京瓷等公司主要开发 SOFC 热电联供系统。基于 SOFC 的 ENE-FARM type S 系统，发电功率为 700W，发电效率可达 52%（LHV），热电联供效率达到 87%（LHV）。截至 2018 年 12 月 20 日，大阪燃气公司已售出 110000 套 ENE-FARM 住宅用燃料电池系统。根据规划，ENE-FARM 计划 2020 年、2030 年分别实现家用燃料电池累计装机量达 140 万套和 530 万套，对应成本有望进一步下降到 50 万日元/套（约 4560 美元/套或 3.2 万元人民币/套）左右。除了小型家用燃料电池系统，日本还开展了百千瓦级~兆瓦级的燃料电池分布式电站研究。2013 年三菱重工成功试验了 200kW 的 SOFC-MGT 系统，以都市燃气为燃料时发电效率（LHV）达到 50%。2015 年，三菱日立电力系统公司对电池和发电系统进行了改进，在大幅提高功率密度的同时将发电效率提升至 54%。此后，SOFC-MGT 系统即采用固体氧化物燃料电池与微型燃气轮机混合，综合电效率约 60%，并向日本九州大学提供 SOFC-MGT 混合动力系统，持续稳定发电超过 10000h；2016~2017 年向丰田、东京燃气等企业安装运行了 4 台 250kW 样机。

为了推进 SOFC 发电系统的大规模商业化，美国能源部在 1999 年启动了 SECA（Solid State Energy Conversion Alliance）产业化项目，政府和工业界共同投入 5.14 亿美元，目标是将 SOFC 发电系统生产成本降低至 400 美元/千瓦以下，年产量大于 5 万套。2003 年，美国能源部又推出了 FutureGen 计划，将 SOFC 技术纳入煤的高效清洁利用范畴，将燃料电池和燃气轮机、煤气化、碳捕集等技术进行综合集成[62]，以天然气和煤为燃料时系统的综合发电效率达到 60%～75%，并实现二氧化碳的近零排放。为促进未来 5～10 年内大规模商业化应用，2015 年美国能源部开始支持研发用于清洁煤电的 400kW SOFC 原型系统，研究提高 SOFC 的可靠性和持久性。与日本大力发展家用燃料电池技术不同，美国主要研发面向企业和居民区应用的百千瓦级～兆瓦级固定电站，如 Fuel Cell Energy 和 Bloom Energy 等公司研发的燃料电池固定电站。目前 Bloom Energy 的百千瓦级～兆瓦级 SOFC 电站已经成功为 Google、FedEx、Wal-Mart、eBay 和 Apple 等多家公司的大型数据中心供电，其中 Apple 数据中心 SOFC 发电厂的规模已经达到 10MW。针对 2009 年日本家用燃料电池的成功商业化，2010 年美国能源部也公布了 1～10kW 微型燃料电池热电联供系统的调研报告，报告中制定了详细的燃料电池系统成本和技术目标。SOFC 热电联供系统的发电效率可达 60%，综合能效可达 90%，可实现能源利用的最大化。

　　欧盟及其成员国一直积极推进燃料电池的研发和商业化应用。在欧盟的第六框架研究计划中，燃料电池是"氢能"技术的研究重点之一，其中 FATEST-NET、IM-SOFC-GT、FCNET、PIP-SOFC、REAL-SOFC、SOFC600、SPRAY-SOFC 等都是 SOFC 技术项目，研究涉及 SOFC 关键材料、单电池、电池堆以及系统等全产业链制造技术。在氢能与燃料电池方面，德国是欧洲的领头羊。Callux 是德国正在进行的最大家用燃料电池热电联供系统（FC-CHP）现场测试工程，已经有来自 BaxiInnotech、Hexis 和 Vaillant 等公司的超过 300 套家用 FC-CHP 系统在选定的家庭中进行测试（Baxi 系统为 PEMFC，其它为 SOFC）。通过该项研究，FC-CHP 系统的制造成本和维护成本分别下降了 60% 和 90%。与日本的 ENE-FARM 相呼应，欧盟 FCH JU（Fuel Cells and Hydrogen Joint Undertaking）在 2012 年 9 月开始实施 Ene-Field 项目，计划投资 5300 万欧元推进家用 FC-CHP 的商业化。该项目包含了 12 个欧盟成员国、9 家燃料电池系统制造商和接近 1000 套 FC-CHP 示范系统（发电功率在 0.3～5kW 之间）。

　　我国自"九五"期间起科技部和中科院积极进行部署，连续开展了"973"计划和"863"计划，近年来也有相关的重点研发计划，国内众多研究所和高校均有开展关于 SOFC 的研究，其中包括中国科学院上海硅酸盐研究所、中国科学院大连化学物理研究所、中国科学院宁波材料研究所、中国科学院过程工程研究所（原中国科学院化工冶金研究所）、中国科学技术大学、中国矿业大学、华中科技大学、上海交通大学、吉林大学、西安交通大学、哈尔滨工业大学、华南理工大学等，均取得了可喜的成绩。以上海硅酸盐研究所和华中科技大学为例，2014 年底均实现了 5kW 级系统独立发电和示范运行；中科院宁波材料研究所与索福人能源公司实现了单电池和电堆的规模量产，系统研发成果显著；华清京昆公司在徐州建设了规模化的电池、电堆生产线，并计划开发大功率系统；潮州三环（集团）股份有限公司研发的 SOFC 电解质基片在美国的 Bloom Energy 系统中得到广泛应用。目前，潮州三环（集团）股份有限公司作为 Bloom Energy 的两大供应商之一，占据 70%～80% 的份额。此外，该公司还开发了阳极支撑型电池和电堆技术，为 SOFC 发电系统的开发奠定了坚实的基础。

1.5
SOFC 商业化的挑战

尽管全球研发 SOFC 技术或开发 SOFC 产品的单位众多，但目前离商业化仍有较长的路要走。因目前并不存在某一用途，以使用 SOFC 为唯一解决途径，就像锂离子电池在电子设备中的使用地位，SOFC 不存在无可替代的新能源地位，即需要积攒足够的竞争力，才能挤进已有的市场领域。目前 SOFC 存在的问题有三点。

① 成本较高。成本分成两部分：制造成本和燃料成本。目前，Bloom Energy 的 100kW 系统制造成本平均 1kW 约 8000 美金（约 5 万元人民币），京瓷 700W 系统售价约为 25 万元人民币（政府补贴后 12 万元人民币）；燃料成本，目前商业化的 SOFC 产品以天然气燃料为主，氢气终端价格约为每千克 70 元，国内加氢站补贴后的价格约为每千克 20 元，天然气的价格约为每千克 5.3 元。

② 寿命有待提高。单位电量的成本还与电池的运行寿命相关，若 SOFC 系统制造成本以每 1kW 约 5 万元人民币计，而发电效率以 50% 估算，运行寿命在 10 万小时以内，成本是急速下降的过程，见图 1-7。若寿命为 10 万小时，$1kW \cdot h$ 成本约为 1.83 元（氢气）、1.38 元（天然气）；在寿命达到 10 万小时以上时，最终燃料电池发电价格将趋于燃料的价格，图中虚线为极限价格。当然这只是以发电效率 50% 估算，未考虑高品质热能利用可达到近 90% 总效率的效果。由于中国富煤贫油少气的能源结构，目前火力发电 $1kW \cdot h$ 成本约 0.3 元，与大型电站相比，SOFC 很难竞争。SOFC 的发展应与环保相结合，使用沼气、生物质气化气等廉价的非常规燃料，同时在成本与寿命方面下功夫。

③ 启动速度慢。对于便携式或电动汽车辅助电源而言，采用高温型的

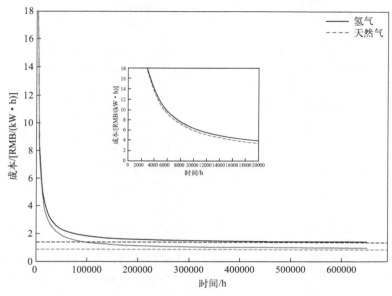

图 1-7　寿命与成本估算图

SOFC 从室温升温至目标温度 600～900℃，解决方式之一是采用抗热震性能好的电池，比如金属支撑型电池，但目前也无法实现 30s 内启动的目标；解决方式之二是采用联合系统，即采用低温型的燃料电池或储能电池与 SOFC 组成联合发电系统，但会显著增加系统成本，降低比功率。

综合以上三个问题来分析，利用 SOFC 总的转化效率高的优势，在固定式的 3～100kW 范围领域可能是最佳选择，即开发家用热电联供系统和小型电站（区域式微电网）比较适合。

1.6
总结

SOFC 是燃料电池家族中能量转换效率最高的一种燃料电池，在环境污染和能源短缺的今天与未来，可以说是一种终极燃料电池。因其高温运行的特点，除了热电联产效率高外，还可使得燃料的选择多样化，这就使得其不受氢气供应的限制。目前，相对于国际上各功率级别均有相对成熟的 SOFC 样品的发展形势，我国 SOFC 发电系统迫切需要进入初步量产和降低成本的阶段，但仍有很多需要解决的问题有待科研人员努力。

参考文献

[1] Lu Y，Cai Y，Souamy L，Song X，Zhang L，Wang J. Solid oxide fuel cell technology for sustainable development in China：An over-view [J]. International Journal of Hydrogen Energy，2018，43：12870-12891.

[2] Dufour A U. Fuel cells-a new contributor to stationary power [J]. J Power Sources，1998，71：19-25.

[3] Minh N Q. Ceramic fuel-cells [J]. Journal of the American Ceramic Society，1993，76：563-588.

[4] Behling N H，Managi S，Williams M C. Updated Look at the DCFC：the Fuel Cell Technology Using Solid Carbon as the Fuel [J]. Mining Metallurgy & Exploration，2019，36：181-187.

[5] Fergus J W. Electrolytes for solid oxide fuel cells [J]. J Power Sources，2006，162：30-40.

[6] Hui S Q，Roller J，Yick S，Zhang X，Deces-Petit C，Xie Y S，Maric R，Ghosh D. A brief review of the ionic conductivity enhancement for selected oxide electrolytes [J]. J Power Sources，2007，172：493-502.

[7] Fan L，He C，Zhu B. Role of carbonate phase in ceria-carbonate composite for low temperature solid oxide fuel cells：A review [J]. International Journal of Energy Research，2017，41：465-481.

[8] Lin X，Xu S，Ai D，Ge B，Peng Z. Review of the electrolyte materials in medium or low temperature solid oxide fuel cell [J]. Science & Technology Review，2017，35：47-53.

[9] Kumar B，Chen C，Varanasi C，Fellner J P. Electrical properties of heterogeneously doped yttria stabilized zirconia [J]. J Power Sources，2005，140：12-20.

[10] Panhans M A，Blumenthal R N. A thernodynamic and electrical-conductivity study of nonstoichiometric cerium dioxide [J]. Solid State Ion，1993，60：279-298.

[11] Fruth V，Ianculescu A，Berger D，Preda S，Voicu G，Tenea E，Popa M. Synthesis，structure and properties of doped Bi_2O_3 [J]. J Eur Ceram Soc，2006，26：3011-3016.

[12] Ishihara T，Matsuda H，Takita Y. Doped $LaGaO_3$ Perovskite-type oxide as a new oxide ionic conductor. Journal of the American Chemical Society，1994，116：3801-3803.

[13] Ishihara T，Hiei Y，Takita Y. Oxidative reforming of methane using solid oxide fuel cell with $LaGaO_3$-based electrolyte. Solid State Ion，1995，79：371-375.

[14] Iwahara H. High temperature proton conducting oxides and their applications to solid electrolyte fuel cells and steam electrolyzer for hydrogen production. Solid State Ionics Diffusion & Reactions，1988（28-30）：573-578.

[15] Iwahara H，Uchida H，Tanaka S. High temperature type proton conductor based on Sr-CeO_3 and its application to solid electrolyte fuel cells. Solid State Ion，1983（9-10）：1021-1025.

[16] Rodriguez-Reyna E，Fuentes A F，Maczka M，Hanuza J，Boulahya K，Amador U. Structural，microstructural and vibrational characterization of apatite-type lanthanum silicates prepared by mechanical milling. Journal of Solid State Chemistry，2006，179：522-531.

[17] Shaula A L, Kharton V V, Marques F M B. Oxygen ionic and electronic transport in apatite-type $La_{10-x}(Si, Al)_6 O_{26+/-\delta}$. Journal of Solid State Chemistry, 2005, 178: 2050-2061.

[18] Sun C W, Hui R, Roller J. Cathode materials for solid oxide fuel cells: a review. J Solid State Electrochem, 2009, 14 (7): 1125-1144.

[19] Tsipis E V, Kharton V V. Electrode materials and reaction mechanisms in solid oxide fuel cells: a brief review [J]. J Solid State Electrochem, 2008, 12: 1367-1391.

[20] Kaur P, Singh K. Review of perovskite-structure related cathode materials for solid oxide fuel cells [J]. Ceramics International, 2020, 46: 5521-5535.

[21] Co A C, Birss V I. Mechanistic analysis of the oxygen reduction reaction at (La, Sr) MnO_3 cathodes in solid oxide fuel cells [J]. Journal of Physical Chemistry B, 2006, 110: 11299-11309.

[22] Mizusaki J, Yonemura Y, Kamata H, Ohyama K, Mori N, Takai H, Tagawa H, Dokiya M, Naraya K, Sasamoto T, Inaba H, Hashimoto T. Electronic conductivity, Seebeck coefficient, defect and electronic structure of nonstoichiometric $La_{1-x}Sr_xMnO_3$ [J]. Solid State Ion, 2000, 132: 167-180.

[23] Kostogloudis G C, Ftikos C. Properties of A-site-deficient $La_{0.6}Sr_{0.4}Co_{0.2}Fe_{0.8}O_{3-\delta}$-based perovskite oxides [J]. Solid State Ion, 1999, 126: 143-151.

[24] Jiang S P, Chen X. Chromium deposition and poisoning of cathodes of solid oxide fuel cells—A review [J]. International Journal of Hydrogen Energy, 2014, 39: 505-531.

[25] Yang B C, Koo J, Shin J W, Go D, Shim J H, An J. Direct Alcohol-Fueled Low-Temperature Solid Oxide Fuel Cells: A Review [J]. Energy Technology, 2019, 7: 5-19.

[26] Chen J, Wang S, Wen T, Li J. Optimization of $LaNi_{0.6}Fe_{0.4}O_{3-\delta}$ cathode for intermediate temperature solid oxide fuel cells [J]. Journal of Alloys and Compounds, 2009, 487: 377-381.

[27] Fan L, Su P C. Layer-structured $LiNi_{0.8}Co_{0.2}O_2$: A new triple ($H^+/O^{2-}/e^-$) conducting cathode for low temperature proton conducting solid oxide fuel cells [J]. J Power Sources, 2016, 306: 369-377.

[28] Duan C, Tong J, Shang M, Nikodemski S, Sanders M, Ricote S, et al. Readily processed protonic ceramic fuel cells with high performance at low temperatures [J]. Science, 2015, 349: 1321-1326.

[29] Lee T, Park K Y, Kim N I, Song S J, Hong K H, Ahn D, et al. Robust Nd-$Ba_{0.5}Sr_{0.5}Co_{1.5}Fe_{0.5}O_{5+\delta}$ cathode material and its degradation prevention operating logic for intermediate temperature-solid oxide fuel cells [J]. Journal of Power Sources, 2016, 331: 495-506.

[30] Li J, Qiu P, Xia M, Jia L, Chi B, Pu J, et al. Microstructure optimization for high-performance $PrBa_{0.5}Sr_{0.5}Co_{1.5}Fe_{0.5}O_{5+\delta}$-$La_2NiO_{4+\delta}$ core-shell cathode of solid oxide fuel cells [J]. Journal of Power Sources. 2018, 379: 206-211.

[31] Hashim S S, Liang F, Zhou W, Sunarso J. Cobalt-Free Perovskite Cathodes for Solid Oxide Fuel Cells [J]. Chem Electro Chem, 2019, 6: 3549-3569.

[32] Zhou Q, Zhang L, He T. Cobalt-free cathode material $SrFe_{0.9}Nb_{0.1}O_{3-\delta}$ for intermediate-temperature solid oxide fuel cells. Electrochemistry Communications, 2010, 12: 285-

287.

[33] Yu X, Long W, Jin F, He T. Cobalt-free perovskite cathode materials $SrFe_{1-x}Ti_xO_{3-\delta}$ and performance optimization for intermediate-temperature solid oxide fuel cells [J]. Electrochimica Acta, 2014, 123: 426-434.

[34] Chen Y, Zhang L, Chong W, Cai H, Song Z J I. Performance of $La_{0.5}Sr_{0.5}Fe_{0.9}Mo_{0.1}O_{3-\delta}$-$Sm_{0.2}Ce_{0.8}O_{2-\delta}$ composite cathode for CeO_2 and $LaGaO_3$-based solid oxide fuel cells [J]. Ionics, 2018, 24: 1-12.

[35] Yang G, Su C, Ran R, et al. Advanced Symmetric Solid Oxide Fuel Cell with an Infiltrated K_2NiF_4-Type La_2NiO_4 Electrode [J]. Energy & Fuels, 2014, 28 (1): 356-362.

[36] Kharton V V, Tsipis E V, Yaremchenko A A, Frade J R. Surface-limited oxygen transport and electrode properties of $La_2Ni_{0.8}Cu_{0.2}O_{4+\delta}$ [J]. Solid State Ionics, 2004, 166: 327-337.

[37] Fergus J W. Oxide anode materials for solid oxide fuel cells [J]. Solid State Ion, 2006, 177: 1529-1541.

[38] Hashimoto N, Niijima S, Inagaki J. Fabrication of 80 mm diameter-sized solid oxide fuel cells using a water-based NiO-YSZ slurry [J]. J Eur Ceram Soc, 2009, 29: 3039-3043.

[39] Moreno R. The role of slip additives in tape-casting technology: Part 1. Solvents and dispersants [J]. American Ceramic Society Bulletin, 1992, 71: 1521-1531.

[40] Lacorre P, Goutenoire F, Bohnke O, Retoux R, Laligant Y. Designing fast oxide-ion conductors based on $La_2Mo_2O_9$ [J]. Nature, 2000, 404: 856-858.

[41] Dager P K, Mogni L V, Soria S, Caneiro A. High temperature properties of $Sr_2MgMo_{0.9}TM_{0.1}O_{6-\delta}$ (TM=Mn, Co and Ni) [J]. Ceramics International, 2018, 44: 2539-2546.

[42] Babaei A, Zhang L, Tan S L, Jiang S P. Pd-promoted (La, Ca) (Cr, Mn) O_3/GDC anode for hydrogen and methane oxidation reactions of solid oxide fuel cells [J]. Solid State Ion, 2010, 181: 1221-1228.

[43] Kan W H, Thangadurai V. Challenges and prospects of anodes for solid oxide fuel cells (SOFCs) [J]. Ionics, 2015, 21: 301-318.

[44] Li H J, Zhao Y C, Wang Y C, Li Y D. $Sr_2Fe_{2-x}Mo_xO_{6-\delta}$ perovskite as an anode in a solid oxide fuel cell: Effect of the substitution ratio [J]. Catalysis Today, 2016, 259: 417-422.

[45] Wang F Y, Zhong G B, Luo S J, Xia L S, Fang L H, Song X G, Hao X, Yan D. Porous $Sr_2MgMo_{1-x}V_xO_{6-\delta}$ ceramics as anode materials for SOFCs using biogas fuel [J]. Catal Commun, 2015, 67: 108-111.

[46] Zhu W Z, Deevi S C. Development of interconnect materials for solid oxide fuel cells [J]. Materials Science and Engineering a-Structural Materials Properties Microstructure and Processing, 2003, 348: 227-243.

[47] Fergus J W, Metallic interconnects for solid oxide fuel cells [J]. Materials Science and Engineering a-Structural Materials Properties Microstructure and Processing, 2005, 397: 271-283.

[48] Geng S, Pan Y, Chen G, Wang F. $CuFe_2O_4$ protective and electrically conductive coating

thermally converted from sputtered CuFe alloy layer on SUS 430 stainless steel interconnect [J]. International Journal of Hydrogen Energy，2019，44：9400-9407.

[49] Lin C K，Chen K Y，Wu S H，Shiu W H，Liu C K，Lee R Y. Mechanical durability of solid oxide fuel cell glass-ceramic sealant/ steel interconnect joint under thermo-mechanical cycling [J]. Renewable Energy，2019，138：1205-1213.

[50] Fergus J W. Sealants for solid oxide fuel cells [J]. J Power Sources，2005，147：46-57.

[51] Ayawanna J，Kingnoi N，Laorodphan N. Effect of bismuth oxide on crystallization and sealing behavior of barium borosilicate glass sealant for SOFCs [J]. Journal of Non-Crystalline Solids，2019，509：48-53.

[52] Ritucci I，Kiebach R，Talic B，Han L，Zielke P，Hendriksen P V，Frandsen H L. Improving the interface adherence at sealings in solid oxide cell stacks [J]. Journal of Materials Research，2019，34：1167-1178.

[53] 洪伟强. SOFC 封接材料的致密化、热稳定性和自愈合性研究 [D].景德镇：景德镇陶瓷学院，2012：10-15.

[54] 曾凡蓉.固体氧化物燃料电池密封技术的研究 [D].武汉：中国地质大学，2007.

[55] 韩敏芳，等.固体氧化物燃料电池高温封接材料的研究 [J].真空电子技术，2005，4：8-10.

[56] 朴金花，等.玻璃密封胶与固体氧化物燃料电池电池元件相容性分析 [J].稀有金属材料与工程，2007，36（3）：291-294.

[57] Sohn S-B，Choi S-Y，Kim G-H，Song H-S，Kim G-D. Stable Sealing Glass for Planar Solid Oxide Fuel Cell [J]. Journal of Non-crystalline Solids，2002，297：103-112.

[58] Ley K L，Krumpelt M，Kumar R，et al. Glass-ceramic sealants for solid oxide fuel cells [J]. J M ater Res，1996，11（6）：31-33.

[59] Hong J，Zhao D，Gao J，et al. Lead-free low-melting point sealing glass in SnO-CaO-P_2O_5 system [J]. J Noon-Cryst Solids，2010，356（28）：1400-1401.

[60] 刘泳良.中温固体氧化物燃料电池密封材料的设计与性能研究 [D].上海：上海交通大学，2013：18-21.

[61] Chou Y S，Stevenson J W，Chick L A. Ultra-low leak rate of hybrid compressive mica seals for solid oxide fuel cells [J]. Journal of Power Sources，2002，112（1）：130-136.

[62] Campanari S，Gazzani M. High Efficiency SOFC Power Cycles With Indirect Natural Gas Reforming and CO_2 Capture. Journal of Fuel Cell Science and Technology，2015，12：10.

第 2 章

关键材料的制备工艺及其表征

2.1
引言

固体氧化物燃料电池也被称为陶瓷燃料电池[1]，从粉体到电池需要数十道工序，因此原材料的性能稳定性（一致性）十分重要。如果不同批次的粉体之间有微小的差别，则后续工序的参数就需要调整，从而很难保证电池性能的稳定，生产也会受到影响[2]。因此原材料的进货渠道和品质管理是十分重要的。

2.2
粉体的烧结活性与可加工性

陶瓷电解质的烧结过程，是其粉体经过成型后被加热到熔点的 2/3 以上温度时发生颗粒结合、气孔率下降、收缩加大、致密度提高、晶粒增大、整体获得强度的过程[3]。从微观上来讲就是：固体中分子（或原子）间存在相互吸引，通过加热而获得足够的能量，在表面能的驱动下进行迁移、扩散，使粉末堆积体颗粒黏结，产生强度并导致致密化和再结晶的过程[4]，如图 2-1。

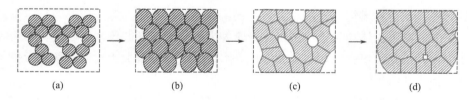

(a) (b) (c) (d)

图 2-1 烧结的一般过程示意图

因此，粉体烧结的驱动力在于其表面能，而表面能取决于比表面积（或一次颗粒的粒径）[5]。事实上，精细陶瓷的发展离不开粉体技术的发展。以氧化锆粉体为例，采用共沉淀法、辅助水热法等方法得到的粉体一次颗粒粒径可以达到 30～50nm 的量级，比表面积非常大，烧结活性显著提高，可以在 1300～1400℃ 的温度下完全烧结致密。图 2-2 是钪稳定氧化锆（ScSZ）粉体的烧结曲线，原始的未煅烧粉体从 950℃ 左右开始烧结收缩，在 1350℃ 时烧结基本完成，预计 1400℃ 时将停止收缩。该收缩曲线与支撑阳极并不匹配，收缩率过大，如果直接使用将导致阳极支撑型电解质膜弯曲或产生裂纹。为此，需要将原始粉体进行煅烧，降低其烧结活性，这样，其起始烧结收缩温度将升高，收缩率将降低，达到与阳极支撑层粉体匹配的目的。

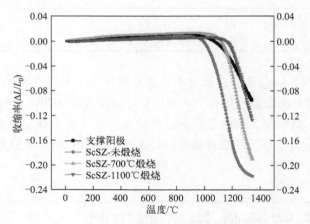

图 2-2 钪稳定氧化锆粉体的烧结曲线

粉体的可加工性主要是其成型的难易程度。以干压成型为例，为了使成型体的密度均匀（若不均匀则烧结时会产生变形和裂纹等缺陷），要求粉体在填充时有很好的流动性，这就需要事先对粉体进行造粒[6]。以 PVA（聚乙烯醇）等为黏结剂，与溶剂水球磨混合得到一定黏度的悬浮液，经喷雾形成球形液滴，再在上升的旋转热风气流中烘干，经布袋收集后得到球形的造粒粉体。这样的粉体流动性好、填充均匀、振实密度高，造粒粉体的结合力在干压的压强下被解除，颗粒被压碎，最终形成均匀的陶瓷素坯，供给后续烧结工序。等静压成型管状陶瓷时，事先需要将粉体均匀地（密度、壁厚等方面）装填到芯棒与橡胶模具之间的缝隙中，经过振动填实之后再放到液压（水或油）介质中加压成型。填充时粉体的流动性也非常重要[7]。

再以流延成型为例，首先需要将粉体与黏结剂、分散剂、塑性剂、消泡剂、造孔剂（针对多孔电极）等一起球磨，得到均匀、不易沉降的流延浆料[8]。浆料经过滤、脱泡后倒入流延机的料斗，经过调节刀高控制流延膜厚，调节膜带走速控制干燥速度，最后在流延机后部卷筒收集得到流延素坯，供给后续工序[9]。流延的关键在于浆料的配制，要求浆料有很好的流动性的同时，还要有尽可能高的固含量。也就是说溶剂要尽可能地少，同时还要保证浆料的流动性好。此时粉体的比表面积必须恰到好处，不是比表面积越大越好，因为粉体的表面会吸附一些溶剂分子，被吸附的溶剂不是"自由溶剂"，对流动性没有贡献[10]。纳米粉体直接用来配制流延浆料会使固含量下降、流动性不好。基于此，用于流延成型的粉体比表面积不能太大。然而当流延成型进入烧结阶段时，又希望粉体具有很好的烧结活性。流延素坯的固含量低于干压成型素坯的固含量，烧结时需要排出的气孔更多，对烧结活性的要求更高[11]。因此流延成型的粉体在烧结活性和比表面积之间需要很好地协调，一般可以采用纳米粉体在适当温度煅烧处理，或者不同粒径粉体适当配比来解决问题。

对于大学和科研院所的材料研究而言，一般会制备和测试纽扣电池，而制备的办法常采用干压法。一般的干压法得到的电解质膜都比较厚，导致电池的内阻大、功率密度低，难以研究大电流时的科学问题[12]。为此，中国科学技术大学专门开发了干压成型支撑型薄膜电解质的方法。对于电解质层，需要做到又薄又均匀，这是互相矛盾的。解决的方法是把粉体做成密度很低的膨松体，比如利用甘氨酸法或者柠檬酸盐法制备具有大量气泡的海绵状粉体，使其具有很大的体积，以解决填充时的均匀性问题[13]。

总而言之，粉体材料的选择应该综合考虑成型、烧结的整个电池制备过程，使得最终得到的电池电解质尽可能薄而致密，电极与电解质结合良好。电极本身多孔，颗粒却要尽可能地小[14]，这也是互相矛盾的，解决的方法是将电极材料的烧结性能调整到最佳，既要与电解质有足够的烧结强度，自身的颗粒又不能长太大，电极整体也不能因烧结收缩而产生裂纹。过分强调粉体合成时是否成相完全，而采用较高的煅烧温度，会导致粉体烧结活性下降，丝网印刷后的电极烧结温度过高[15]。实际上只要最终烧结后的电极成相完全即可，没有必要让粉体一定成相完全，电极粉体在与电解质烧结过程中再成相也是可以的。

对于生产商业化电池产品的厂家而言，粉体的一致性是十分重要的。即使是同一进货渠道，如果前后批次的粉体有微小的区别，也会导致工艺参数不稳，严重时产品大量不合格或被退货，造成巨大的损失[16]。粉体厂家的生产量和在业界的口碑是需要考虑和重视的。

2.3
粉体制备方法的选择

现代陶瓷在发展过程中产生了很多粉体制备方法，传统的固相法采用氧化物或碳酸盐等作为原材料，经过称量、球磨混合、干压成块、高温煅烧反应后得到目标组成和目标结晶相[17]。由于固相反应速度慢，为了成相往往需要提高处理温度、延长处理时间，甚至反复热处理。在这样的过程中颗粒必然会发生烧结行为，导致颗粒长大。即使在合成后采用行星球磨、高能球磨等方法，也很难得到亚微米级的粉体。因此固相法得到的粉体烧结活性低、粒径分布不均匀，难以满足精细陶瓷的要求[18]。

基于这样的原因，各种液相合成方法被开发出来，常用的有共沉淀法、溶胶凝胶法（如柠檬酸盐法）、燃烧合成法、喷雾热分解法、冷冻干燥热分解法、静电纺丝法等[19-20]。

2.3.1 共沉淀法

以 $Ce_{0.8}Gd_{0.2}O_{1.9}$ 的制备为例，从易溶于水的硝酸盐或醋酸盐出发，称取化学计量比的原料试剂，将其溶于蒸馏水，充分搅拌均匀后得到溶液 A 备用。以草酸、草酸铵、氨水等分别作为沉淀剂，过量称取后溶于蒸馏水，得到溶液 B。在磁力搅拌下以滴定方式将溶液 A 缓慢滴入溶液 B 而发生沉淀反应。滴定完成后用蒸馏水洗涤盛 A 的容器、滴定漏斗等，洗涤液也都滴入 B 中。沉淀完成后根据需要可以适当加热保温，使沉淀颗粒长大一些便于过滤。用分液漏斗过滤，将沉淀物分离、干燥、煅烧、分解后得到目标产物。

沉淀初期和后期沉淀剂的浓度会发生变化，这是因为其本身不断消耗，而体积随着 A 的滴入越来越大，产生稀释作用。因此早期沉淀的颗粒大小和后期沉淀的有一定区别，导致共沉淀法得到的粉体往往粒径分布比较宽。缓解的办法是将 A 配制得尽可能浓一些，体积小一些；而 B 中沉淀剂的过量比可以选择得大些。即便如此，沉淀初期和后期沉淀剂的浓度还是会有所变化。另外，A 和 B 毕竟有个混合过程，这就导致沉淀反应时溶液中各处的浓度并不均匀。如果对此非常在意，有人采用所谓均匀沉淀法，比如以尿素为沉淀剂，将其溶于蒸馏水后得到溶液 C，将 A 与 C 在室温下迅速混合，搅拌均匀，然后边搅拌边加热。当达到尿素的分解温度后，会发生分解反应 $(NH_2)_2CO + 3H_2O \Longrightarrow 2NH_4OH + CO_2$。生成的氨分子产生的 OH^- 将与金属离子结合成为氢氧化物，而 CO_2 产生的碳酸根则会与金属离子结合成为碳酸盐。由于沉淀离子是因为加热而在溶液中自动产生的，因此可以保证浓度的均匀性。除了尿素外，乌洛托品［六亚甲基四胺，$(CH_2)_6N_4$］也是不错的沉淀剂，$(CH_2)_6N_4 + 6H_2O \Longrightarrow 4NH_3 + 6HCHO$，其加热分解时产生氨气，可以转化为氢氧根离子。

沉淀剂的选择要点是使多种金属离子同时沉淀下来，这样均匀混合的沉淀在热处理时受热分解后可以在较低的温度下生成目标产物的相[21]。因此事先需要了解不同金属离子所生成沉淀的溶度积，以保证沉淀完全。对于稀土离子而言，其化学性质相似，沉淀剂很好选择，Zr^{4+} 和 Y^{3+} 的沉淀剂也好选择，一般可采用氨水作为沉淀剂合成 YSZ。除非迫不得已，一般不会选择 NaOH 作为沉淀剂，

这是因为引入的 Na^+ 在后期清洗时非常麻烦；一般也不会选用硫酸根作为沉淀剂，因为硫酸盐的分解温度高，粉体合成温度高、粒径大。草酸盐、碳酸盐、氢氧化物等是常用的沉淀形式[22]。

2.3.2 溶胶凝胶法

当目标产物中的金属离子种类较多，而且化学性质相差较大时，比如 $La_{1-x}Sr_xCo_{1-y}Fe_yO_{3-\delta}$ 的合成，共沉淀剂的选择十分困难，共沉淀法就不太适合了。此时可以考虑采用柠檬酸盐法：在准确称量并溶于蒸馏水的 La^{3+}、Sr^{2+}、Co^{3+}、Fe^{3+} 硝酸盐混合溶液中，加入适当比例的柠檬酸、EDTA络合剂、乙二醇等，然后在搅拌下缓慢加热，蒸发水分，使溶液逐渐浓缩，与此同时柠檬酸与乙二醇逐步发生键合反应形成聚合物，使溶液黏度加大，成为溶胶状。大的黏度和络合剂保证 La^{3+}、Sr^{2+}、Co^{3+}、Fe^{3+} 的硝酸盐、柠檬酸盐不会偏析，而是高度均匀地分散在溶胶中。形成溶胶后取出搅拌子，让其在烘箱中进一步缓慢干燥，排除多余的水分，得到干凝胶。该干凝胶在马弗炉中加热分解，因大量气体的释放会使体积膨胀，分解后形成蓬松的粉体。由于 La^{3+}、Sr^{2+}、Co^{3+}、Fe^{3+} 的柠檬酸盐混合高度均匀，在较低的煅烧温度（700～800℃）下就可以成相，得到目标产物的钙钛矿结构。由于煅烧温度低，颗粒之间烧结不明显，因此可以得到纳米级的粉体，这对后续阴极的制备非常有利[23]。

2.3.3 燃烧合成法

在上述柠檬酸盐法中如果有机物（燃料）较多，干凝胶加热过快，则可能发生自燃，自燃时热量比较集中，可以加快成相进程[24]。如果采用甘氨酸替代柠檬酸，则自燃变得剧烈，发生粉体喷洒现象。而自燃温度高可以使得粉体合成后就已经基本成相。燃烧合成法得到的粉体非常膨松，适合于干压法制备电解质薄膜；因加热时间短，粉体几乎没有烧结，可以得到纳米颗粒，活性高[25]。

2.3.4 喷雾热分解法

上述柠檬酸盐法和燃烧合成法一般用于实验室制备，对于需要一定产量的稳定生产，这种一锅一锅的间歇式生产明显不太合适。为此，开发了喷雾热分解法。还是从混合硝酸盐溶液出发，利用超声喷雾法得到非常小的雾滴，这些雾滴被气流带入竖直的马弗炉中，在下降过程中被蒸发，浓缩结晶的硝酸盐达到分解温度后分解为氧化物，进一步反应成相，得到目标产物。由于喷雾的溶液浓度可调，雾滴又非常小，所以即便浓缩时有偏析现象，反应物之间的扩散距离也非常小，因此粉体在分解炉中很容易成相，温度和时间可控，也能够得到纳米粉体。该方法可以连续生产，而且参数可控，适合于一定规模的量产[26]。

2.3.5　冷冻干燥热分解法

防止偏析，让反应物的各金属离子高度分散，是在较低加热温度下成相，得到纳米颗粒的基本原理[27]。冷冻干燥热分解法也是遵循这一原理的方法之一。将混合硝酸盐（或醋酸盐）水溶液滴入液氮中，瞬间冰冻成粒状小冰块。这些小冰块用漏勺打捞之后放入干燥瓶中，接入真空泵，利用真空升华的办法使冰块中的水分挥发。其间，干燥瓶的外部要注意保冷，在整个干燥过程中不能出现液态水，这是保证金属离子不发生偏析的要点。待真空升华完成后，得到多孔的膨松混合盐固体。将该固体取出，迅速装入坩埚（防止吸潮），在马弗炉中加热分解，并热处理成相。由于没有偏析，反应物混合高度均匀，也可以在较低热处理温度成相，得到纳米级的粉体[28]。

在上述液相合成法中经常使用硝酸盐作为起始原料，其易溶于水，便于液相合成。但要注意的是硝酸盐经常含有结晶水，在干燥环境下容易风化，而潮湿环境下容易吸潮，因此使用前应进行必要的 TG-DTA 分析，确定其金属离子的含量是否正确，以免称量时造成偏差。也可考虑选用纯金属、分析纯氧化物或碳酸盐等作为起始原料，在使用前溶于硝酸。比如电解质 $La_{0.9}Sr_{0.1}Ga_{0.8}Mg_{0.2}O_{3-\delta}$ 的合成，可以考虑以 La_2O_3、$SrCO_3$、金属 Ga、$MgCO_3$ 等作为原材料。其中 La_2O_3 有极强的碱性，非常容易溶于硝酸，但是其强碱性可能导致在储存时吸收空气中的 CO_2，生成碳酸盐。因此 La_2O_3 在称量前应在 1000℃ 以上煅烧，随炉冷却后放置于干燥器中，而且尽快用完。$SrCO_3$、$MgCO_3$ 等储存时可能吸潮，称量前应在烘箱中干燥后使用。纯金属 Ga 方便准确计量，易溶于硝酸，但金属 Ga 的熔点接近室温，因此最好在冰箱中储存，以免夏天变成液体流失。总而言之，对原材料要充分小心谨慎，才能保证后续工作的顺利[29]。

2.4
粉体的表征

粉体材料的表征重点在于五个方面：化学成分、结晶相、粒径、比表面积、烧结曲线。

2.4.1　化学成分

最精确的化学成分表征方法应该是原子发射光谱（ICP），首先将粉体样品溶于硝酸，该过程根据粉体的不同有难有易[30]。阴极材料一般比较容易溶解，而 YSZ、GDC 这类电解质很难溶解，一般需要提高酸的浓度或加热，必要时可滴加一两滴双氧水。待完全溶解后将溶液转移到容量瓶中，清洗的蒸馏水一并转入（一般要洗三次），防止损失，最后稀释到容量瓶刻度计量，然后完全混匀。

根据粉体来源或定性分析结果，针对其中所含的金属离子配制或购买标准溶液。取一系列不等量的标准溶液，经稀释得到不同浓度的标准溶液样品系列，在 ICP 仪器上分别测试这些标准溶液样品的发射光强度，绘制强度随浓度变化的标准曲线。

取待测样品溶液，测试其发射光强度，从标准曲线上读出浓度。根据浓度和溶解的粉体样品克数，可以计算各金属离子的含量，并计算其相对含量。

ICP 方法虽然精确，但是手续烦琐，标准溶液昂贵，所以一般也不经常使用。在精度要求不太高的场合，采用压片烧结后陶瓷样品的 X 射线荧光光谱分析，也是一个比较简单的办法。

2.4.2　结晶相

结晶相的表征常用的是粉末 X 射线衍射方法。将待测粉体样品装入带有凹槽的玻璃板上，刮平压实，装入 X 射线衍射仪即可进行测试[31]。设定扫描速度、角度变化步长等时，有常规测试和针对某个角度区间的重点角度测试之分。常规测试一般用于判断成相与否，是否有明显杂相；重点角度测试一般用于精确判断晶型，计算晶格常数。在 SOFC 领域，材料的相变、热膨胀、化学膨胀等也是重要的研究内容。可控气氛的高温 XRD 测试设备非常便于这方面的研究。图 2-3 是 $Ce_{0.9}Gd_{0.1}O_{2-x}$（GDC）粉体在 1000℃下不同气氛中的 XRD 图谱，从右边的局部放大图可以明显看出随着氧分压的下降，衍射峰明显向低角度方向偏移，意味着晶胞参数增加，也就是等温还原膨胀，这与 Ce^{4+} 向 Ce^{3+} 的还原相对应。如果必须利用常温 XRD 研究高温时的相结构，就需要搭建相应的淬火装置，让样品在高温可控气氛下保温而达到热力学平衡，然后快速转移到室温骤冷，使高温相得以保存，这样的过程是十分烦琐的。近年来，国内高校、科研院所进口设备越来越先进，配备高温 XRD 功能的设备也不在少数，可是很多单位因为嫌麻烦而不开放该功能，实为遗憾。

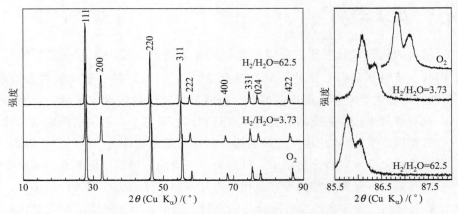

图 2-3 $Ce_{0.9}Gd_{0.1}O_{2-x}$（GDC）粉体在 1000℃不同气氛下的 XRD 图谱

2.4.3 粒径

粒径的表征手段包括两种，其一是表观粒径，以激光粒度分析仪为代表，将粉体悬浮于溶液中，激光在悬浮液中传播，受到与波长相当的颗粒的限制时，因空间干涉而产生衍射和散射，其空间（角度）分布与光波波长和颗粒尺寸有关的原理进行工作[32]。以激光作光源，确定波长后，衍射和散射的空间分布就只与粒径有关。由特定角度测得的光能与总光能的比较，可以推出颗粒群相应粒径级的丰度。采用湿法分散技术，机械搅拌使样品均匀散开，超声高频振荡使团聚的颗粒充分分散，电磁循环泵使大小颗粒在整个循环系统中均匀分布。测试时放入分散介质和被测样品，启动超声发生器使样品充分分散，然后启动循环泵，实际的测试过程只需数秒即可得到粒度分布数据表、分布曲线、比表面积、$D10$、$D50$、$D90$ 等。

粒径的另一个表征方法是透射电子显微镜（TEM），其原理是把经过加速和聚焦的电子束投射到非常薄的样品或粉体上，电子与样品中的原子碰撞而改变方向，从而产生立体角散射[33]。散射角的大小与样品的密度、厚度有关，因此可以形成不同的影像，放大、聚焦后在成像器件上显现出来。由于电子的德布罗意波长非常短，所以透射电子显微镜的分辨率可以达到 0.1～0.2nm，放大倍数约为几万到几百万倍，这样的分辨率对于观察纳米粉体非常有利，可以清楚地得到一次颗粒的粒径。对于陶瓷样品的烧结活性而言，一次颗粒的粒径更加重要，所以 TEM 是更加重要的表征手段。

图 2-4 是采用包裹沉淀法合成的 NiO/YSZ 的 TEM 照片，其中 YSZ 颗粒是由直径约 60nm 的一次颗粒团聚而成的团聚体，而 NiO 是由直径更小的一次颗

粒构成的团聚体。

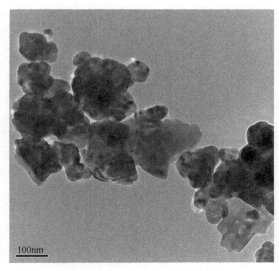

图 2-4　NiO/YSZ 的 TEM 照片

2.4.4　比表面积

　　一般采用氮气为吸附介质，利用动态法进行比表面积分析。将待测粉体样品装在 U 形的样品管内，使含有一定比例吸附质的混合气体流过样品，根据吸附前后气体浓度变化来确定样品对 N_2 的吸附量[34]。吸附量确定后，就可以计算待测粉体的比表面积。在吸附量与比表面积的理论研究方面，有单层吸附的朗格缪尔吸附理论、多层吸附的 BET 吸附理论、统计吸附层厚度法吸附理论等。其中 BET 理论在比表面积计算方面大多数情况下与实际值吻合较好，被比较广泛地应用于比表面积测试，通过 BET 理论计算得到的比表面积又叫 BET 比表面积。

2.4.5　烧结曲线

　　条状样品在温度变化过程中会在一定方向上发生长度的变化[35]。通常的热胀冷缩会导致样品长度随着温度的增加而增加；粉末堆积体的陶瓷素坯在高温下会因粉体烧结而产生收缩；玻璃样品会先热膨胀，再软化收缩[36]。上述这些现象都可以通过热膨胀分析法（thermodilatometry）来进行研究。

　　将粉体干压成一定长度的条状样品，测试得到其室温下的初始长度 L_0；将样品置于热膨胀分析仪中，设定升温程序，按照一定的升温速率（比如 5℃·min^{-1}）

匀速升温，测定和记录样品长度变化 ΔL，其与初始长度 L_0 的比值为相对长度变化。由于烧结是收缩现象，所以在设定量程变化时在负方向要留有足够的量程，以便能够记录完整的收缩曲线。根据相对长度变化即收缩曲线可以判断粉体的起始烧结温度和烧结结束温度，非常直观地判断粉体的烧结性能。

图 2-5 为采用 NETZCH 公司的 DIL402PC 热膨胀仪测试得到的 YSZ 试样的烧结曲线。

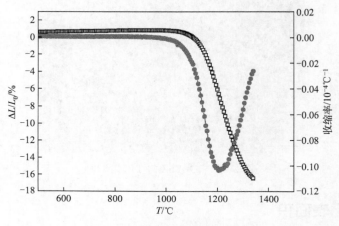

图 2-5　YSZ 粉体的烧结曲线

2.5
材料的表征

材料表征主要包括力学性能、电性能、热膨胀系数等。

2.5.1　力学性能

SOFC 作为陶瓷电池，其材料的评价方法可以沿用陶瓷材料的评价方法[37]。但是，为了提高电流密度，SOFC 的电池往往是薄膜结构，例如平板式阳极支撑型 SOFC 的阳极厚度一般为 0.3～1mm。传统方法如三点弯曲法和四点弯曲法对片式、薄膜等样品无法评价，因此为了更客观地评价其力学性能，我们重点介绍 MSP（modified small punch）试验法（上海硅酸盐所江莞课题组）。

MSP 试验法是由小冲压试验法发展而来的，它结合了冲压测试和双轴弯曲试验法的优势，是适合于陶瓷等脆性材料片式及薄膜样品的测试方法[38]。

图 2-6(a) 为 MSP 试验法的示意图。MSP 实验装置主要包括圆柱形压头、导向模、承载模、高精度偏转传感器，如果是高温实验，还有加热炉。样品由承载模支撑，负载通过压头加在试样的中心，试样的变形位移由高精度位移传感器探测，将负载、时间、温度等同时输入计算机，可以得到负载-位移等测试曲线。

图 2-6(b) 为 MSP 强度计算模型。$2a$ 为承载模内孔直径；$2b$ 为圆柱形压头直径；t 为试样厚度。压头的加载速率为 $0.05\,\mathrm{mm\cdot min^{-1}}$。MSP 强度可由式(2-1)得到：

$$\sigma_\mathrm{f}=\frac{3p_{\max}}{2\pi t^2\left[1-\dfrac{1-\nu^2}{4}\times\dfrac{b^2}{a^2}+(1+\nu)\ln\dfrac{a}{b}\right]} \tag{2-1}$$

式中，p 为负载；ν 为样品材料的泊松比。

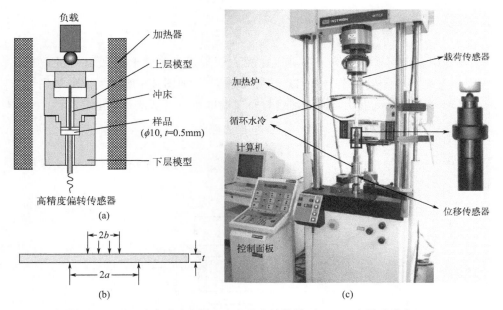

图 2-6　MSP 试验法示意图（a），强度计算模型（b），和测试设备（c）

图 2-7 为具有不同 3Y-TZP 含量的 Ni-YSZ 阳极在室温下的 MSP 强度，可以看出 3Y-TZP 的引入可以有效改善 NiO+8YSZ 阳极的力学性能。当 3Y-TZP 的含量为 30%（质量分数）时，TZ30 阳极的 MSP 强度为（336.8±51.2）MPa，与 TZ0 相比提高了约 65%；3Y-TZP 全部代替 8YSZ 时，TZ50 阳极的 MSP 强度为（525.4±58.3）MPa，强度提高了约 160%。

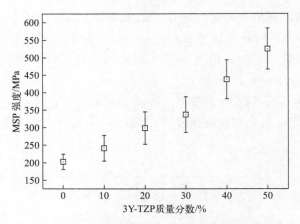

图 2-7　3Y-TZP 的含量对阳极 MSP 强度的影响

2.5.2　电性能

电导率：采用直流四端子法可以比较方便地对电解质和电极材料的电导率（离子电导率和电子电导率的总和）进行测量[39]，如图 2-8 所示。即给规则形状的材料加一定的直流电流，通过测量材料两端电压，由下式得出电导率：

$$R = \frac{U}{I} = \frac{l}{\sigma A} \tag{2-2}$$

式中，σ 为材料的电导率；R 为试样电阻；l 为试样长度；A 为试样横截面积。

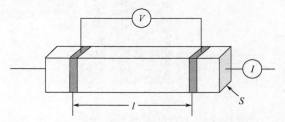

图 2-8　直流四端子法测试电导率的示意图

为了消除测量导线的电阻以及电极和试样间的接触电阻，直流四端子法将测量时的电流回路与电压回路分离，由于电压回路的电流很小可以忽略不计，采用直流四端子法可获得较为准确的数据。该方法测量电解质离子电导率时，要求电解质两侧的测量电极有很好的可逆性（电催化活性），因为可逆电极的极化小，能够避免电极界面的极化对测量结果的影响[40]。

2.5.3 热膨胀系数

物质在温度变化的过程中都会伴随着尺寸的膨胀或收缩。控制温度的变化过程，测量物质在可忽视负荷下的尺寸随温度的变化，可以通过热膨胀分析仪测定物质的线膨胀系数。由于 SOFC 涉及多种材料的界面结合，必须考虑各层之间的热膨胀系数的匹配性[41]，因此热膨胀系数是需要表征的重要参数。

线膨胀系数 α 为温度升高 1℃时，试样沿某一方向上的相对伸长（或收缩）量。

$$\alpha = \Delta L / (L_0 \Delta t) \tag{2-3}$$

式中，L_0 为试样原始长度；ΔL 为试样在温度差 Δt 情况下长度的变化量。

图 2-9 为采用 NETZCH DIL 402PC 热膨胀仪测得的 $La_{0.74}Bi_{0.10}Sr_{0.16}MnO_{3-\delta}$（LBSM）及其复合 $Bi_{1.4}Er_{0.6}O_3$（ESB）作为阴极材料样品的热膨胀曲线，可见复合过程对热膨胀系数的改变不大。该阴极材料的热膨胀系数比 SSZ 电解质略高，但在可接受范围内，而 ESB 的添加可以提高阴极材料的烧结活性和电化学活性。

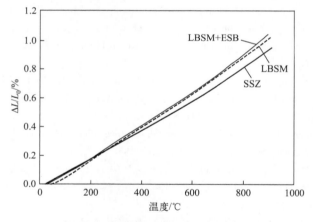

图 2-9 掺铋阴极材料的热膨胀曲线

参考文献

[1] Barelli L，Barluzzi E，Bidini G. Diagnosis methodology and technique for solid oxide fuel cells：A review [J]. International Journal of Hydrogen Energy，2013，38：5060-5074.

[2] Mahato N，Banerjee A，Gupta A，Omar S，Balani K. Progress in material selection for solid oxide fuel cell technology：A review [J]. Progress in Materials Science，2015，72：141-337.

[3] Jaiswal N，Tanwar K，Suman R，Kumar D，Upadhyay S，Parkash O. A brief review on

ceria based solid electrolytes for solid oxide fuel cells [J]. Journal of Alloys and Compounds, 2019, 781: 984-1005.

[4] Arshad M S, Mushtaq N, Ahmad M A, Naseem S, Atiq S, Ahmed Z, Ali R, Abbas G, Raza R. Nickel foam anode-supported solid oxide fuel cells with composite electrolytes [J]. International Journal of Hydrogen Energy, 2017, 42: 22288-22293.

[5] Liu S, Ye F, Hu S, Yang H, Liu Q, Zhang B. A new way of fabricating Si_3N_4 ceramics by aqueous tape casting and gas pressure sintering [J]. Journal of Alloys and Compounds, 2015, 647: 686-692.

[6] Morales M, Roa J J, Tartaj J, Segarra M. A review of doped lanthanum gallates as electrolytes for intermediate temperature solid oxides fuel cells: From materials processing to electrical and thermo-mechanical properties [J]. Journal of the European Ceramic Society, 2016, 36: 1-16.

[7] Shao Z, Zhou W, Zhu Z. Advanced synthesis of materials for intermediate-temperature solid oxide fuel cells [J]. Progress in Materials Science, 2012, 57: 804-874.

[8] Curi M O, Ferraz H C, Furtado J G M, Secchi A R. Dispersant effects on YSZ electrolyte characteristics for solid oxide fuel cells [J]. Ceramics International, 2015, 41: 6141-6148.

[9] Mahmud L S, Muchtar A, Somalu M R. Challenges in fabricating planar solid oxide fuel cells: A review [J]. Renewable and Sustainable Energy Reviews, 2017, 72: 105-116.

[10] Zhou J, Zhang L, Liu C, Pu J, Liu Q, Zhang C, Chan S H. Aqueous tape casting technique for the fabrication of $Sc_{0.1}Ce_{0.01}Zr_{0.89}O_{2+\delta}$ ceramic for electrolyte-supported solid oxide fuel cell [J]. International Journal of Hydrogen Energy, 2019, 44 (38): 21110-21114.

[11] Liu C, Zhang L, Zheng Y, Pu J, Zhou J, Chan S H. Study of a Fuel Electrode-Supported Solid Oxide Electrolysis Cell Prepared by Aqueous Co-Tape Casting [J]. J Int J Electrochem Sci, 2019, 14: 11571-11579.

[12] Singh B, Ghosh S, Aich S, Roy B. Low temperature solid oxide electrolytes (LT-SOE): A review [J]. J Power Sources, 2017, 339: 103-135.

[13] Abdalla A M, Hossain S, Azad A T, Petra P M I, Begum F, Eriksson S G, Azad A K. Nanomaterials for solid oxide fuel cells: A review [J]. Renewable and Sustainable Energy Reviews, 2018, 82: 353-368.

[14] Dwivedi S. Solid oxide fuel cell: Materials for anode, cathode and electrolyte [J]. International Journal of Hydrogen Energy, 2020, 45 (44): 23988-24013.

[15] Somalu M R, Muchtar A, Daud W R W, Brandon N P. Screen-printing inks for the fabrication of solid oxide fuel cell films: A review [J]. Renewable and Sustainable Energy Reviews, 2017, 75: 426-439.

[16] Jiang S P. Challenges in the development of reversible solid oxide cell technologies: a mini review [J]. Asia-Pac J Chem Eng, 2016, 11: 386-391.

[17] Shu L, Sunarso J, Hashim S S, Mao J, Zhou W, Liang F. Advanced perovskite anodes for solid oxide fuel cells: A review [J]. International Journal of Hydrogen Energy, 2019, 44: 31275-31304.

[18] Paiva J A E, Daza P C C, Rodrigues F A, Ortiz-Mosquera J F, da Silva C R M, Montero Muñoz M, Meneses R A M. Synthesis and electrical properties of strontium-doped lanthanum ferrite with perovskite-type structure [J]. Ceramics International, 2020, 46 (11): 18419-18427.

[19] Altaf F, Batool R, Gill R, Abbas G, Raza R, Ajmal Khan M, Rehman Z U, Ahmad M A. Synthesis and characterization of co-doped ceria-based electrolyte material for low temperature solid oxide fuel cell [J]. Ceramics International, 2019, 45: 10330-10333.

[20] Aruna S T, Balaji L S, Kumar S S, Prakash B S. Electrospinning in solid oxide fuel cells-A review [J]. Renewable & Sustainable Energy Reviews, 2017, 67: 673-682.

[21] Onbilgin S, Timurkutluk B, Timurkutluk C, Celik S. Comparison of electrolyte fabrication techniques on the performance of anode supported solid oxide fuel cells [J]. International Journal of Hydrogen Energy, 2020, 45 (60): 35162-35170.

[22] Lessing P A. A review of sealing technologies applicable to solid oxide electrolysis cells [J]. J Mater Sci, 2007, 42: 3465-3476.

[23] Pajot M, Duffort V, Capoen E, Mamede A S, Vannier R N. Influence of the strontium content on the performance of $La_{1-x}Sr_xMnO_3/Bi_{1.5}Er_{0.5}O_3$ composite electrodes for low temperature solid oxide fuel cells [J]. Journal of Power Sources, 2020, 450: 227649.

[24] Maznoy A, Kirdyashkin A, Kitler V, Solovyev A. Combustion synthesis and characterization of porous Ni-Al materials for metal-supported solid oxide fuel cells application [J]. Journal of Alloys and Compounds, 2017, 697: 114-123.

[25] Wincewicz K C, Cooper J S. Taxonomies of SOFC material and manufacturing alternatives [J]. J Power Sources, 2005, 140: 280-296.

[26] Choudhury A, Chandra H, Arora A. Application of solid oxide fuel cell technology for power generation—A review [J]. Renewable and Sustainable Energy Reviews, 2013, 20: 430-442.

[27] Jamkhande P G, Ghule N W, Bamer A H, Kalaskar M G. Metal nanoparticles synthesis: An overview on methods of preparation, advantages and disadvantages, and applications [J]. Journal of Drug Delivery Science and Technology, 2019, 53: 101174.

[28] Lee J Y, Song R H, Lee S B, Lim T H, Park S J, Shul Y G, Lee J W. A performance study of hybrid direct carbon fuel cells: Impact of anode microstructure [J]. International Journal of Hydrogen Energy, 2014, 39: 11749-11755.

[29] da Silva F S, de Souza T M. Novel materials for solid oxide fuel cell technologies: A literature review [J]. International Journal of Hydrogen Energy, 2017, 42: 26020-26036.

[30] Hussain Shah S K, Iqbal J, Ahmad P, Khandaker M U, Haq S, Naeem M. Laser induced breakdown spectroscopy methods and applications: A comprehensive review [J]. Radiation Physics and Chemistry, 2020, 170: 108666.

[31] Mumtaz S, Ahmad M A, Raza R, Khan M A, Ashiq M N, Abbas G. Nanostructured anode materials for low temperature solid oxide fuel cells: Synthesis and electrochemical characterizations [J]. Ceramics International, 2019, 45: 21688-21697.

[32] Ramadhani F, Hussain M A, Mokhlis H, Hajimolana S. Optimization strategies for Solid Oxide Fuel Cell (SOFC) application: A literature survey [J]. Renewable and Sustainable En-

ergy Reviews，2017，76：460-484.

[33] Liu M，Lynch M E，Blinn K，Alamgir F M，Choi Y. Rational SOFC material design：new advances and tools [J]. Materials Today，2011，14：534-546.

[34] Sreedhar I，Agarwal B，Goyal P，Singh S A. Recent advances in material and performance aspects of solid oxide fuel cells [J]. Journal of Electroanalytical Chemistry，2019，848：113315.

[35] Yue W，Li Y，Zheng Y，Wu T，Zhao C，Zhao J，Geng G，Zhang W，Chen J，Zhu J，Yu B. Enhancing coking resistance of Ni/YSZ electrodes：In situ characterization，mechanism research，and surface engineering [J]. Nano Energy，2019，62：64-78.

[36] Hui S，Roller J，Yick S，Zhang X，Decès-Petit C，Xie Y，Maric R，Ghosh D. A brief review of the ionic conductivity enhancement for selected oxide electrolytes [J]. Journal of Power Sources，2007，172：493-502.

[37] Shri Prakash B，Pavitra R，Senthil Kumar S，Aruna S T. Electrolyte bi-layering strategy to improve the performance of an intermediate temperature solid oxide fuel cell：A review [J]. Journal of Power Sources，2018，381：136-155.

[38] Abdalla A M，Hossain S，Azad A T，Petra P M I，Begum F，Eriksson S G，Azad A K. Nanomaterials for solid oxide fuel cells：A review [J]. Renewable and Sustainable Energy Reviews，2018，82：353-368.

[39] Gómez S Y，Hotza D. Current developments in reversible solid oxide fuel cells [J]. Renewable and Sustainable Energy Reviews，2016，61：155-174.

[40] Fan L，Wang C，Chen M，Zhu B. Recent development of ceria-based （nano） composite materials for low temperature ceramic fuel cells and electrolyte-free fuel cells [J]. Journal of Power Sources，2013，234：154-174.

[41] Lawlor V. Review of the micro-tubular solid oxide fuel cell （Part Ⅱ：Cell design issues and research activities） [J]. Journal of Power Sources，2013，240：421-441.

第 3 章

SOFC单电池构型及制备工艺

3.1
引言

固体氧化物燃料电池是全固态结构，其主要部件材料（电解质和电极）是陶瓷材料。陶瓷材料是将原材料经过人为加工、热处理，使之成为有所需结构、形状和功能物性的无机非金属材料。SOFC 的制备技术实际上是陶瓷膜的制备技术，而 SOFC 结构通常是有一个部件作为支撑体（厚膜），而其它部件以薄膜形式作为其功能层出现。由于 SOFC 的单电池是由阳极、电解质和阴极构成，因此，SOFC 膜材料通常由 3～4 层不同材料组成，属于多层复合陶瓷膜，且化学组成结构和热膨胀特性均具有各自的特点。陶瓷膜材料与其原材料的合成制备、组成结构、素坯成型及性能应用之间存在着必然联系。前一章已介绍了 SOFC 关键材料的合成制备与表征；本章就素坯成型和性能应用进行描述。SOFC 按照形状分类，主流的结构种类有：管式电池和平板式电池。

3.2
管式电池与平板式电池

3.2.1　管式电池

美国西门子-西屋（Siemens Westinghouse）动力公司（SWPC）是高温管式 SOFC 技术的先锋，该公司开发的轴向连接管式 SOFC 基本结构如图 3-1 所示[1]。单电池从内到外由多孔阴极支撑管、电解质、连接体和阳极组成。阴极管用挤出成型制备；电解质和连接体分别采用电化学气相沉积法（EVD）和等离子喷涂法沉积在阴极上；然后在电解质上沉积阳极[2]。

Atrex Energy 与 SWPC 的管式结构不同，该公司采用的是阳极支撑型管式电池，如图 3-2 所示。电解质层和阴极层在其外侧。

与平板式 SOFC 相比，管式结构具有很多优点：单体电池的自由度大，不易开裂；电池的工作面积大；电池组装简单，不需要高温密封；单电池间的连接体处在还原气氛中，可以使用廉价的金属材料做电流集流体；当某个电池破坏

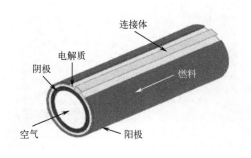
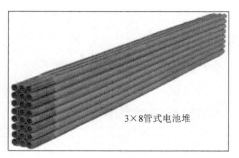

3×8管式电池堆

图 3-1　单体管式 SOFC 的结构示意图及其电池堆

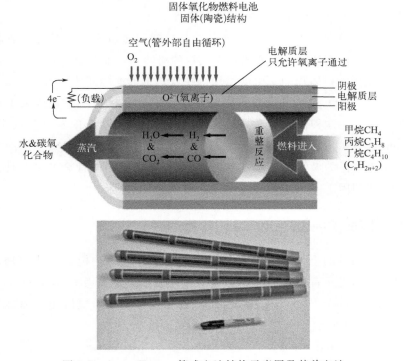

图 3-2　Atrex Energy 管式电池结构示意图及其单电池

时，只需切断该电池氧化气体的送气通道，不会影响整个电池堆的工作[3]。但该结构也有明显的缺点：功率密度低；制备工艺成本高；集流时电流流程较长，增加的欧姆电阻限制了 SOFC 的性能。

　　为了解决上述问题，SWPC 开发了新型的管式 SOFC，如图 3-3 所示，并采用大气等离子喷涂工艺（ASP）代替 EVD，在挤出成型的阴极上制备电解质、连接体和阳极，以降低制作成本[4]。该结构的特点是：保留了管式 SOFC 不需

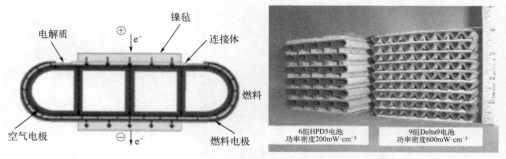

图 3-3　压扁型管式 SOFC 横截面示意图及其电池堆[4]

要密封的优点；降低了欧姆电阻，从而提高了电池的功率密度；可以使电池堆组装更紧凑，提高了电池堆单位体积的功率密度。

　　微管型 SOFC 在被 Kendall[5] 提出后，受到很多研究者的关注，其特点是具有非常好的抗热震性能，电堆能够在很短的时间内（如几分钟）启动；与大直径管式 SOFC 相比，体积功率密度增加。缺点是单电池的面比电阻（area specific resistance，ASR）高、导线长，将许多小单电池连接在一起集成大电堆有一定的困难。所以，这种微管型 SOFC 结构只适宜制备小功率的发电装置[6-8]。美国的 Acumentrics 是目前国际上为数不多的从事微管 SOFC 研究开发的主要公司，采用阳极支撑的微管，工作温度为 800℃。该公司的微管 SOFC 在性能衰减指标上已经达到固态能源转换联盟（SECA）三期的指标。

3.2.2　平板式电池

　　平板式 SOFC 的空气电极、电解质、燃料电极均为平板式层状结构，通过不同的制备工艺将三者烧结成一体，组成"三合一"平板型电池结构（positive electrolyte negative，PEN）。单体 PEN 一般有两种结构，电解质支撑型与阳极支撑型，如图 3-4 所示。

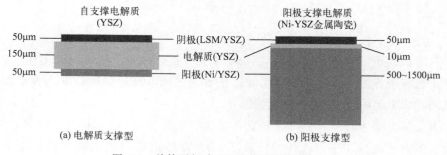

图 3-4　单体平板式 SOFC 的两种结构设计

平板式 SOFC 组成电池堆时，通过开有气槽的双极连接板将单体 PEN 串联起来，氧化气体和燃料气体分别从导气槽中交叉（或平行）流过。PEN 与双极连接板间通常采用微晶玻璃密封，形成密封的氧化气室和燃料气室[9]。

平板式的 SOFC 制备工艺简单、造价低。由于电流收集方向与电流垂直，流经路径短，电流收集均匀，且平板式 SOFC 功率密度较管式高。平板式 SOFC 主要缺点是：①需要解决高温无机密封的技术难题，以及由此带来的抗热循环性能差的问题；②双极连接板性能要求高。双极板的空气侧在高温氧化气氛中工作，为保证集电性能必须具有优良的抗氧化性能，双极板需要具有与 PEN 匹配的热膨胀系数和化学稳定性[10-12]。当 SOFC 的操作温度降低到 600～800℃后，可以在很大程度上扩展电池材料的选择范围、提高电池运行的稳定性和可靠性[13-14]，降低电池系统的制造和运行成本。因此，目前研究和开发的中温 SOFC 大多采用平板式结构。

3.3
不同结构支撑型电池

按照支撑体种类分，可分为电解质支撑、电极支撑及外支撑。电极支撑又包括阳极支撑和阴极支撑，外支撑包括多孔陶瓷支撑和金属支撑[15]。其中，电解质支撑和阳极支撑型电池是最为成熟的两种结构的电池。

3.3.1 电解质支撑型电池

电解质支撑型 SOFC 是第一代 SOFC，由于电解质电导率较电极材料低，需在较高的温度（900～1000℃）下运行。电解质支撑型 SOFC，较为典型的是瑞士 Sulzer Hexis 公司开发的如图 3-5 所示的电池堆结构[16]。

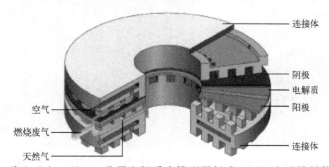

图 3-5　瑞士 Sulzer Hexis 公司电解质支撑型平板式 SOFC 电池堆结构示意图

图 3-6　Bloom Energy 产品单电池

该结构中燃料气体由中心开孔的电解质支撑型圆电池通入，从电池的边缘处排出，氧化气体则由电池堆的外部通入。这种开放式的连接板结构可以将未反应的燃料和氧化气体排出直接燃烧，解决了平板式结构中的密封难题。但此结构合金连接板制造工艺复杂、成本高，同时也存在着与管式结构类似的燃料利用率不高的问题。

Bloom Energy 一直采用电解质支撑型 SOFC，从 2010 年推出的第一款产品至今，均使用电解质支撑型 SOFC[17]，电池图片如图 3-6 所示。此外，CFCL 和 Toho Gas 产品也是电解质支撑型电池。

3.3.2　阳极支撑型电池

图 3-7 为德国 Forschungszentrum Jülich 公司开发的阳极支撑型平板式 SOFC 的结构示意图。采用热压法制备支撑阳极，厚度为 1～1.5mm，然后通过真空料浆浇注法在支撑层上淀积 5～10μm 厚的电解质层，最后丝网印刷阴极。通过开有气槽的合金支撑体来支撑单电池，并提供主要的机械强度，然后通过双极连接板将单电池串联成电池堆。已成功组装并运行了 60 片的电池堆，采用

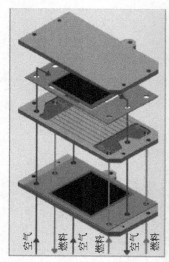

图 3-7　Forschungszentrum Jülich 开发的阳极支撑型平板式 SOFC 结构示意图

CH_4 为燃料，内部重整，800℃下的最大输出功率为 11.9kW。图 3-8 为上海硅酸盐所开发的平板式 SOFC 电池堆的结构示意图。

阳极支撑型 SOFC 相较于电解质支撑型 SOFC，因支撑体电导率高而被称为第二代 SOFC。目前，较多机构均采用这种结构，如 Tokyo Gas、Htceramix、Risoe、Ge、Global[18-19]、PNNL[20-21]、NGK 等。此类结构电池的运行温度随之下降到 750℃ 左右，而功率密度也随之提高。但 SOFC 指标中除了功率密度外，还有两个重要的指标是衰减率和寿命。阳极因为是燃料反应场所，伴随着反应的持续进行和冷热循环，阳极存在着氧化和还原的不断进行，从而有颗粒的体积变化，因此，从衰减率和寿命上看，阳极支撑型 SOFC 相较于电解质支撑和阴极支撑而处于劣势。

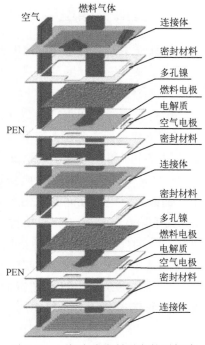

图 3-8 上海硅酸盐所开发的平板式
SOFC 电池堆结构图

3.3.3 阴极支撑型电池

典型的阴极支撑型 SOFC 即管式电池示例中西门子-西屋动力公司的电池，为提高电池的输出功率密度而开发的瓦楞型设计，也是阴极支撑型电池[1]。传统的钙钛矿型阴极材料与氧化锆基电解质在高温下会发生反应，生成不导电相，所以传统的方法难以制备阴极支撑型电池，SWPC 采用电化学气相沉积法（EVD）来制备电解质[22-23]。

上海硅酸盐所燃料电池组试图制备高收缩率的 LSM 材料，各部分结构均采用价格低廉的浸渍法，通过支撑体收缩带动电解质收缩，在不高于阴极与电解质材料的反应温度时，得到致密的电解质层[24-25]。图 3-9 即是阴极支撑管式单电池照片。

图 3-9 浸渍法制备的阴极支撑管式单电池

3.3.4 金属支撑型电池

金属支撑型（不锈钢）电池的使用允许快速启动和多次的开关循环，理论上几乎不会衰减。工作温度范围为 $500 \sim 600 ℃$，比用传统材料设计的 SOFC 电池低 $200 ℃$ 左右[15]。

德国宇航中心（DLR）自 20 世纪 90 年代中期起，以 $1 \sim 5 kW$ 的车用辅助电源（APU）为目标，利用真空等离子喷涂技术制备出金属支撑型 SOFC。为了克服制备过程中不可避免的不锈钢支撑体合金元素与阳极镍之间的互扩散，开发了 $La_{0.6}Sr_{0.2}Ca_{0.2}CrO_{3+\delta}$ 等扩散阻挡层。DLR 在金属支撑体的选择、各功能层制备工艺的改善、电池性能的优化及电堆的设计和组装方面都开展了大量的工作。Julich 则采用烧结法制备金属支撑型 SOFC，获得较好的性能。Ceres Power 主要以低成本的"湿法"来制备金属支撑型 SOFC，采用电泳沉积加等静压的方法，在低于 $1000 ℃$ 的惰性气氛下（保证一定氧分压）烧结得到了致密 CGO 电解质。此外，尼桑、本田等进行的电动汽车用 SOFC 电堆，和 Ceres Power 与潍柴合作的用于公共交通客车的 $30 kW$ CNG 燃料 SOFC，也都采用金属支撑型电池。

3.4
膜材料的成型工艺

SOFC 各部件材料本质是陶瓷，因此各部件材料加工包括：陶瓷成型、复合制作及后续加工三部分。在陶瓷材料产业化过程中面临的主要难题是：可靠性和成本，这都与制备工艺有着密切的关系，其中成型工艺是关键。成型工艺在材料的制备工艺中起着承上启下的作用，是陶瓷材料及复杂部件制备的关键环节，是材料设计和材料配方实现的前提[26]。在 SOFC 中常见的成型方法可概括为以下四类：①干法成型，包括加压、等静压；②气相化学，包括等离子喷涂、磁控溅射、化学气相沉积；③有机/高分子化学辅助法，包括丝网印刷、涂覆法、流延法、浇注法、挤压法、浸渍法、注射法、热压法[27]；④新型方法，主要指 3D 打印成型法[28-29]。这四类方法均有其各自的优缺点，干法成型条件温和、成本低廉、手段繁多、适应性强；气相化学可对材料在其形成初期进行控制，实现结构与性能的剪裁与组装；有机/高分子化学辅助法可获得传统方法难以获得的结构。

3.4.1　干法成型

在 SOFC 中，干法成型中加压成型和等静压成型常用于实验室研究，如纽
扣电池、电导率测试样品等较小尺寸
或面积的电池样品的制备。加压成型
是最普通的一种成型方法，模具一般
用不锈钢材质。压力机有：油压、机
械压、混合压，加压方式：单动、双
动、复动。特点：装置可高度机械化、
自动化，成型体尺寸范围 1～100mm，
成型速度可达 5000 个·min^{-1}，形状
可以是圆形、条形、H 形（根据模
具）。在固定样品粉体材料质量的情况
下，样品尺寸偏差小。缺点：由于压
力的方向问题（单轴加压），模具和粉
体之间、粉体和粉体之间的摩擦力，
粉体对压力的传递问题等，使成型体
中始终有压力分布，成型体密度不均

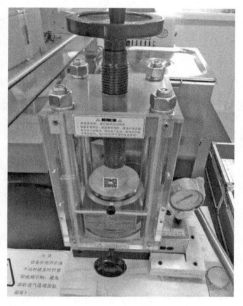

图 3-10　实验室常见油压式单轴干压机

匀，因而在烧成时也经常存在样品变
形的情况[30]。图 3-10 实验室在制备纽扣电池时常用的压机。

等静压成型分冷等静压（CIP）、热等静压（HIP）[31]，加压介质多为水或
油，模具多用橡胶和易变形的材料。其特点是：各方向同时受压、压力均匀、密
度均匀；加压时，橡胶和粉体一起变形，消除了模具和粉体之间的摩擦力；压力
比单轴加压高，可减少烧成中的缺陷。由于设备昂贵，等静压成型主要用于批量
生产[32]。纽扣电池体积小，加压成型中因压力分布产生的形变问题并不十分明
显，因此在使用纽扣电池的 SOFC 实验研究中，并不常用等静压成型。

干法成型中不含添加剂或具有极少量的有机溶剂，使得粉体颗粒具有达到高
堆积密度的条件。但是，堆积密度的均匀性需要好的粉体流动性。因此，在干法
成型之前，需对粉体进行造粒处理。

粉体粒径影响堆积密度，尤其是对于 SOFC 的电解质而言，堆积密度越高
越有利于电解质膜的致密化。将陶瓷粉体颗粒近似为球形，根据小粒子填充大粒
子间隙的模型，可将粉体颗粒按照连续分布，进行人为加工与设计。

粉体的加工处理通常分为三步。①粉碎：球磨、气流法。球磨首先要有一个
容器（旋转的圆筒），容器内装有许多研磨体（球），当圆筒旋转时，筒内的研磨

体（球）跟着一起旋转，到一定高度后自由落下，从而将筒内的物料击碎。研磨体在筒内还做相对滑动，对物料起研磨作用。同时还具有剪切力、碰撞力、摩擦力、压缩应力等作用。研磨体大小、形状、研磨时间均会对粉体的粒径产生影响。②分级：过筛、气流分级。利用颗粒在气流中的沉降速度差别进行颗粒分级操作。夹带粉粒的气流通过降低流速、改变流向等方法，使粗粒沉降下来而将细粒带走，从而分离粗细粉粒[33]。③造粒：研磨造粒（实验室常用）、喷雾造粒（规模生产）。造粒的好处：a. 球状颗粒（团粒），堆积密度高、流动性好；b. 造粒时，粉体形成的是软团聚，加压成型时坯体密度大；c. 造粒时，压力大、密度高、流动性好、黏结剂少、密度大、流动性好。

3.4.2　气相化学法成型

气相化学法相对于其它成型方法属于较为昂贵的方法，主要用于较薄的薄膜制备。在 SOFC 中主要用于电解质膜和金属连接体涂层的制备，此类方法最大的特点在于可实现结构的可控与组装。SOFC 中，对电解质和金属连接体涂层的致密化要求很高，使用气相化学法这种精细制膜法，可克服其它方法对极薄的薄膜易产生缺陷的缺点。

3.4.3　高分子化学辅助成型

高分子化学辅助成型是小批量或规模生产时最常用的方法，具有价格低廉、一致性好等特点。它通过有机添加剂辅助化学成型，使得在陶瓷成型过程中能够具有好的分散性、流动性、可塑性以及保持形状。其中添加剂一般包括：溶剂（水、有机溶剂）、分散剂、造孔剂、抗凝聚（絮凝）剂、黏合剂、塑性剂、润滑剂、消泡剂、表面活性剂[34]。在成型过程中，通常是第一步分散，第二步塑化、固定，第三步则是通过丝网印刷、涂覆法、流延法、热压法、浇注法、挤压法、浸渍法、注射法成型。

得到均匀分散的浆料是高分子化学辅助成型的基础，因此，分散是关键。根据溶剂官能团的不同，将溶剂分为有机溶剂和水基溶剂[35]。分散机理比较简单，主要是利用空间位阻效应，分散性受浆料中离子、电荷的影响很小。另外，由于所选有机溶剂的介电常数与所需分散的粉体颗粒的介电常数比较接近，颗粒间的范德瓦耳斯引力较小（通常在 $5 \sim 10kT$，k 为玻尔兹曼常数；T 为热力学温度），这样就使得粉体颗粒在该有机介质中比较容易分散。采用水作为溶剂时，由于水的介电常数较大（81），在水介质中粉体颗粒间的范德瓦耳斯引力较大（通常大于 $10kT$），所以水介质的粉体颗粒的分散采用的机制是静电稳定和空间位阻稳定双重机制，只有这样才能获得稳定分散的水系浆料，但这样会使得水介质中粉体颗粒的分散变得比较复杂，即会受到浆料离子浓度、pH 值等的影响。

　　粉体颗粒在液体中的分散一般说来是很不稳定和不均匀的，因为微小的颗粒有重新聚合成大团聚体的明显趋势，由此产生的这些颗粒簇的快速沉淀引起了分层效应。原始颗粒越小，液体悬浮介质的极性越强，则分层效应越明显。浆料中不受控制的团聚体将对流延素坯的性质和进一步加工产生不利后果，进而造成产品性能的不一致[36]。因此，大多数水基浆料含有特殊的分散剂和临时性的添加剂，它们能够控制颗粒团聚的程度和团聚体的强度。颗粒在液体介质中的团聚效应能用颗粒间的吸引和排斥力或它们的势能 V_a 和 V_r 来描述。两个理想化的颗粒相互作用的总势能 V 可以由三个主要部分叠加而成：$V = V_a$（范德瓦耳斯力）$+ V_r$（静电作用）$+ V_r$（空间位阻作用）。范德瓦耳斯力无处不在，因为它们是颗粒表面的原子通过永久或诱导的电子/核偶极子而形成的相互作用。排斥性的静电力产生于带相同电性电荷的颗粒间的相互作用，它们普遍存在于高介电常数的极性溶剂（特别是水）中，而在大多数以有机物为基的浆料体系中就不那么重要了。相反，排斥性的空间位阻在非极性的有机溶剂中占主导地位，这是由吸附在颗粒表面的长链大分子相互作用引起的。在实际的流延悬浮液中，空间位阻和静电排斥力一般同时存在。

　　在得到稳定分散的浆料基础上，可以通过塑性剂、润滑剂、消泡剂、表面活性剂对整个浆料进行塑化和固定。之后，利用高分子化学辅助成型中各类方法进行最终成型。流延法、热压法、浇注法、挤压法通常针对较厚的陶瓷膜片，即对SOFC 单电池的支撑结构进行成型；丝网印刷、涂覆法、浸渍法、注射法则是对较薄的薄层膜片进行加工，如 SOFC 的功能电极等。

3.5
致密电解质膜的制备方法

　　SOFC 的单电池由电解质和两个电极构成。电极是氧化气体和燃料气体反应的场所，为多孔结构；电解质则是隔开氧化气体和燃料气体，同时传递离子的媒介。因此，在制备过程中，电解质的致密化是关键。

　　除了上一节讲述的成型方法外，烧结也是关键步骤。整个烧结过程的影响因素通常有：原始粉料的粒度、成型压力、添加剂、烧结温度与保温时间、气氛[37] 等。假设在陶瓷烧结前的素坯是由同样大小的颗粒堆积而成的理想紧密堆积体，颗粒接触点上最大压应力相当于外加一个静压力。在真实系统中，由于颗粒球体尺寸不一、颈部形状不规则、堆积方式不相同等原因，接触点上应力分布产生局部剪切应力。在剪切应力作用下可能出现晶粒彼此沿晶界剪切滑移，滑移方向由不平衡的剪切应力方向而定。

在烧结开始阶段，在这种局部剪切应力和流体静压力影响下，颗粒间出现中心排列，从而使坯体堆积密度提高、气孔率降低、坯体出现收缩，但晶粒形状没有变化，颗粒重排也不可能导致气孔完全消除。烧结是基于表面张力作用下的物质迁移而实现的。无论在固态或液态烧结中，细颗粒由于增加了烧结的推动力，缩短了原子扩散距离和提高了颗粒在液相中的溶解度，导致烧结过程加速。烧结速率与粒径通常存在如下关系：烧结速率$\propto r^{-1/3}$，r减小，速率增大。为防止二次再结晶，起始粒径必须细且均匀，如果细颗粒中有少量大颗粒存在，则易发生晶粒异常生长而不利于烧结。一般电解质材料最适宜的粉末粒度为$0.05 \sim 0.5\mu m$。原始粉末的粒度不同，烧结机理有时也会发生变化。

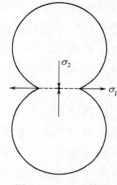

图 3-11 双球模型

在晶体中晶格能越大，离子结合越牢固，离子的扩散也越困难，所需烧结温度也就越高。各种晶体键合情况不同，因此烧结温度也相差很大，即使对同一种晶体，不同粒径的材料烧结温度也不是一个固定的值。

烧结过程是一个物质扩散的过程，将颗粒假设为球形，并将相邻两个颗粒简化为如图 3-11 所示。在颗粒内部无应力区域形成一个空位所做功为E_V，则在颈部或接触点区域形成一个空位所做的功E'_V为：$E'_V = E_V \pm \sigma\Omega$；在压应力区（接触点），$E'_V = E_V + \sigma\Omega$；在张应力区（颈表面），$E'_V = E_V - \sigma\Omega$。

得到各点空位浓度：c_c——压应力区空位浓度；c_0——无应力区空位浓度；c_t——张应力区空位浓度。

$$c_c = c_0\left(1 - \frac{\sigma\Omega}{kT}\right)$$

$$c_t = c_0\left(1 + \frac{\sigma\Omega}{kT}\right)$$

则$c_t > c_0 > c_c$，因此扩散首先从空位浓度最高的颈表面向空位浓度最低的颗粒接触点进行；其次由颈部向颗粒内部扩散。

若假设烧结体由多个 14 面体堆积而成，14 面体的顶点是 4 个晶粒交汇点，每个边是 3 个晶粒交界线，相当于圆柱形气孔通道，成为烧结时的空位源。空位从圆柱形空隙向晶粒接触面扩散，坯体气孔率：$P_c = \dfrac{10\pi D\Omega\gamma}{kTL^3}(t_f - t)$，其中 L

为圆柱形空隙的长度；t_f 为烧结进入中期的时间；t 为烧结时间。

形象地描述，烧结的过程是晶界与空位赛跑的过程，当空位排除速度小于晶界移动速度时，空位则永久留在坯体内，形成闭气孔。欲得到致密的陶瓷膜，则需要空位排除速度大于等于晶界移动速度。

综上所述，电解质膜致密化的方法有：①优化电解质粉体粒径分布，使得粉体具有最高堆积密度；②增加压力，使成型具有高的堆积密度；③尽可能减少有机物的添加，使得电解质素坯具有高的固含量；④选择合适的烧结速率和保温时间，使得空位能有效排除；⑤引入少量晶体结构不同的添加剂，可抑制晶界迁移，有效地加速气孔的排除；⑥引入少量低熔点添加剂，使体系具有少量液相，通过液相传递扩散到球形颗粒自由表面上沉积，而使电解质致密化。

参考文献

［1］ Masayuki D. SOFC system and technology [J]. Solid State Ionics Diffusion & Reactions，2002，152：383-392.

［2］ Singhal S C. Science and technology of solid oxide fuel cells [J]. Materials Research Society Bulletin，2000，3：16-21.

［3］ Singhal S C，Iwahara H. Tubular solid oxide fuel cells. Proceedings of the third international symposium on the solid oxide fuel cells [C]. The Electrochemical Society，1993：665-677.

［4］ Blum L M W A，Nabielek H，et al. Worldwide SOFC technology overview and benchmark [J]. International Journal of Applied Ceramic Technology，2005，2：482-492.

［5］ Kendall K. Solid oxide fuel cell structures：WO 1994 GB 00549 [P]. 1994-03-17.

［6］ Kim J D，Kim G D，Moon J W，Park Y I，Lee W H，Kobayashi K，Nagai M，Kim C E. Characterization of LSM-YSZ composite electrode by ac impedance spectroscopy [J]. Solid State Ionics Diffusion & Reactions，2001，143：379-389.

［7］ Mogensen M，Jorgensen M J. Impedance of Solid Oxide Fuel Cell LSM/YSZ Composite Cathodes [J]. Journal of the Electrochemical Society，2001，148：433.

［8］ Yamaji K，Negishi H，Horita T，Sakai N，Yokokawa H. Vaporization process of Ga from doped $LaGaO_3$ electrolytes in reducing atmospheres [J]. Solid State Ionics，2000，135：389-396.

［9］ Godfrey B，Foger K，Gillespie R，Bolden R，Badwal S P S. Planar solid oxide fuel cells：the Australian experience and outlook [J]. Journal of Power Sources，2000，86：68-73.

［10］ Nomura H，Parekh S，Selman J R，Al-Hallaj S. Fabrication of YSZ electrolyte for intermediate temperature solid oxide fuel cell using electrostatic spray deposition：Ⅱ——Cell performance [J]. Journal of Applied Electrochemistry，2005，35：1121-1126.

［11］ He T M，Lu Z，Liu J，et al. Electrical Properties and Applications of $(ZrO_2)_{0.92}(Y_2O_3)_{0.08}$ Electrolyte Thin Wall Tubes Prepared by Improved Slip Casting Method [J]. Journal of Rare Earths，2003，21：31-36.

[12] Ishihara T, Shibayama T, Nishiguchi H, Takita Y. Nickel-Gd-doped CeO$_2$ cermet anode for intermediate temperature operating solid oxide fuel cells using LaGaO$_3$-based perovskite electrolyte [J]. Solid State Ionics Diffusion & Reactions, 2000, 132: 209-216.

[13] Wen T L, Wang D, Chen M, Tu H, Lu Z, Zhang Z, Nie H, Huang W. Material research for planar SOFC stack [J]. Solid State Ionics Diffusion & Reactions, 2002, 148: 513-519.

[14] Hall J, Kerr R. Innovation dynamics and environmental technologies: the emergence of fuel cell technology [J]. Journal of Cleaner Production, 2003, 11: 459-471.

[15] Krishnan V V. Recent developments in metal-supported solid oxide fuel cells [J]. Wiley Interdisciplinary Reviews-Energy and Environment, 2017, 6: e246.1-e246.38.

[16] Schmidt M. The Hexis Project: Decentralised electricity generation with waste heat utilisation in the household [J]. Fuel Cells Bulletin, 1998, 1: 9-11.

[17] 徐娜. Ni-Fe 金属支撑型 SOFC 构建、优化及稳定性研究 [D], 北京: 中国矿业大学, 2018.

[18] Wang C, Luo L, Wu Y, Hou B, Sun L. A novel multilayer aqueous tape casting method for anode-supported planar solid oxide fuel cell [J]. Materials Letters, 2011, 65: 2251-2253.

[19] Eguchi K, Kojo H, Takeguchi T, Kikuchi R, Sasaki K. Fuel flexibility in power generation by solid oxide fuel cells [J]. Solid State Ionics Diffusion & Reactions, 2002, 152-153: 411-416.

[20] Paz E E, Wang C, Palanisamy P, Gorte R J, Vohs J M. Direct Oxidation as a Market Enabler for Solid Oxide Fuel Cells [C]. Proceeding of the 8th International Symposium on Solid Oxide Fuel Cell, Japan, 2003: 787-792.

[21] Putna E S, Stubenrauch J, Vohs J M, Gorte R J. Ceria-based anodes for the direct oxidation of methane in solid oxide fuel cells [J]. Langmuir, 1995, 11: 4832-4837.

[22] 衣宝廉. 燃料电池——原理、技术、应用 [M]. 北京: 化学工业出版社, 2003.

[23] Huang K, Singhal S C. Cathode-supported tubular solid oxide fuel cell technology: A critical review [J]. J Power Sources, 2013, 237: 84-97.

[24] Zhao C H, Liu R Z, Wang S R, Wang Z R, Qian J Q, Wen T L. Fabrication and characterization of a cathode-supported tubular solid oxide fuel cell [J]. J Power Sources, 2009, 192: 552-555.

[25] Zhou J, Zhao C H, Ye X F, Wang S R, Wen T L. Improvement of Cathode Support Tubular Solid Oxide Fuel Cells [J]. Electrochemical and Solid State Letters, 2012, 15: B57-B60.

[26] 杨万莉, 王秀峰, 江红涛, 于成龙, 单联娟. 基于快速成型技术的陶瓷零件无模制造 [J]. 材料导报, 2006, 12: 98-101, 114.

[27] Heunisch A, Dellert A, Roosen A. Effect of powder, binder and process parameters on anisotropic shrinkage in tape cast ceramic products [J]. Journal of the European Ceramic Society, 2010, 30: 3397-3406.

[28] 程佳剑. 陶瓷材料 3D 打印关键技术研究 [D]. 北京: 北方工业大学, 2018.

[29] Grau J, Cima M, Sachs E. Fabricating Alumina molds for Slip Casting with 3-D Printing

[J]. Ceramic Industry，1996，146：22-24，26-27.

[30]　Seal A，Chattopadhyay D，Sharma A D，Sen A，Maiti H S. Influence of ambient temperature on the rheological properties of alumina tape casting slurry [J]. Journal of the European Ceramic Society，2004，24：2275-2283.

[31]　Pratihar S K，Sharma A D，Maiti H S. Electrical behavior of nickel coated YSZ cermet prepared by electroless coating technique [J]. Materials Chemistry & Physics，2006，96：388-395.

[32]　张庭瑞，辜振启. 等静压成形技术的引进和消化 [J]. 中国陶瓷工业，1994，(01)：10-12.

[33]　张锐，王海龙. 陶瓷工艺学 [M]. 北京：化学工业出版社，2013.

[34]　Sato K，Naito M，Abe H. Electrochemical and mechanical properties of solid oxide fuel cell Ni/YSZ anode fabricated from NiO/YSZ composite powder [J]. Journal of the Ceramic Society of Japan，2011，119：876-883.

[35]　Yong J L，Chan S H，Khor K A，Jiang S P，Cheang P. Effect of characteristics of Y_2O_3/ZrO_2 powders on fabrication of anode-supported solid oxide fuel cells [J]. Journal of Power Sources，2003，117：26-34.

[36]　Moreno R，Córdoba G. Oil-Related Deflocculants for Tape Casting Slips [J]. Journal of the European Ceramic Society，1997，17：351-357.

[37]　周美玲，谢建新，朱宝泉. 材料工程 [M]. 北京：北京工业大学出版社，2001.

第 4 章

电池堆关键技术

SOFC 单电池的开路电压只有不到 1.1V，在稳定工作时，工作电压在 0.7~0.9V 之间[1]。如此低的电压难以实际应用，因此需要进行电池之间的串联，形成具有数十伏特电压的电堆。串联可以提高电压而保持电流不变，并联可以增大电流而保持电压不变。由于实用化 SOFC 的单电池面积很大，以（10×10）cm^2 的平板电池为例，其有效面积（阴极面积）可以达到 $81cm^2$，工作电流大于 40A，如果并联电流会进一步成倍增加，导致外部导线的成本增加，欧姆损失加剧。因此串联是组成电堆的首选方式。

4.1
连接板的流场与保护涂层

将两个单电池串联起来的部件称为连接体。对于管式电池，连接体往往采用陶瓷材料，比如 Ca、Sr 掺杂的 $LaCrO_3$[2]，将其制备成致密的薄膜，将管内侧电极的电流导出到管外侧，以便和相邻电池连接。图 4-1 是典型的管式电池连接体及其连接方式。管式电池的连接体一般与电池制备成一体。

对于平板式电池而言，连接体材料一般采用金属材料，比如 Crofer22、SUS430 等铁素体不锈钢[3]，一般与电池分别制备，因为其板状结构而称为连接板。

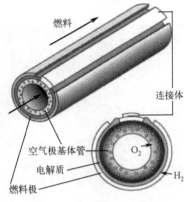

图 4-1　管式电池的连接体

连接板的作用：①串联相邻的两片电池，所以必须具有高电导率；②分隔空气与燃料气，所以必须致密；③将空气和燃料气均匀地分配到电池的所有有效面积上，还要让燃料尽可能地反应完全，得到高的燃料利用率，因此其气体的流道或气槽需要精心设计[4]。

图 4-2 为连接板与电池阴极的接触示意图。在连接板上有筋和槽两部分，其中槽是气体与电池的接触部分，反应气体可以自由地出入多孔电极，这部分电极

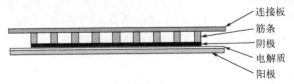

图 4-2　连接板与电池阴极接触示意图

的反应气体最充分，是发电的主要场所。

筋的部分主要是电接触部分，将电极上产生的电流导出到连接板上。由于筋与电池紧密接触，筋下面的那部分电极的反应气体扩散比较困难，因此该部分的电极可能难以参与电化学反应，从而形成"死区"[5]。这就可以解释为什么电堆中的电流密度相比于单电池会有显著的下降。筋和槽的面积比例是连接板设计的一个重要问题，在文献中也有模拟计算[6]。但是所谓的"死区"的气体扩散受电极厚度、孔隙率、筋条宽度的影响，所以最佳的筋槽面积比例也会根据实际情况而变化，不是完全固定的。

在一定的筋槽面积比例之下，筋、槽的宽度是另外一个关键变量，一般是尽可能地窄[7]。筋越窄（数量相应增加，使接触面积基本不变）则其覆盖的电极的气体扩散越容易，"死区"面积越小；槽越窄则电流横向流动的距离越短，电阻越小。因此，尽可能窄的筋、槽是提高电堆性能的一个办法[8]。当然，越窄的筋、槽，其加工越困难，精度越难保证，因此需要结合加工方法进行调整，也不是一成不变的。

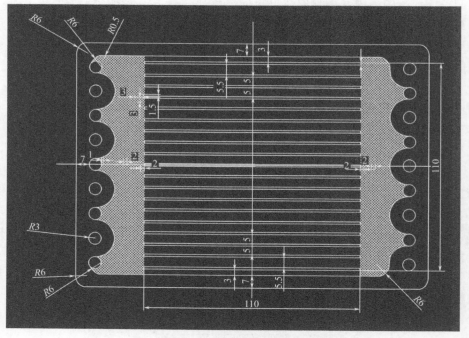

图 4-3　具有扰流柱的连接板流场设计

图 4-3 是一种连接板示意图，其中横向是气流方向，纵向中间有均匀分布的气槽和电流收集筋条，两边的圆孔是通气孔，密封后形成垂直于纸面方向（电池

方向）的气道，燃料的气孔和空气的气孔交替分布，密封后相互隔绝，形成独立的气室。本设计采用对流设计，即燃料和空气相向而行，分别分布于连接板的上部和下部。

对于连接板的设计，一个重要的问题是相互平行的各个流道之间的气流分布是否均匀。为此，可在两头增设扰流柱，当气体经过扰流柱时发生湍流，流动方向发散，从而使气流均匀化。图 4-4 是通过有限元模拟计算的电池间气体速度分布情况，可以发现当有圆柱体扰流柱时，气流速度分布显著地均匀化，除两边有一定的变化外，气流速度基本一样。

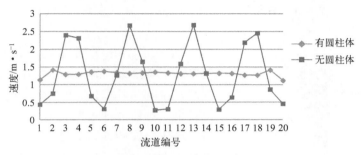

图 4-4　电池之间的气体流速变化

实际装堆时，在垂直于电池的方向，也可能产生气流分布的不均匀性。这是由于气体的动量在进气口和出气口有一定的差别。为了减少这种不均匀性，一方面，电堆中的电池片数不宜过多，一般以 30～50 片为宜；另一方面，适当地增加图 4-3 中的圆孔面积，将使得电堆两端的气道变宽，气体流动压损变小，非常有利于电池之间气流的均匀性[9]。当然，圆孔面积变大意味着密封面积变小，这将给密封的可靠性带来更多的挑战。

以金属材料做成的连接板，在长期高温运行时，其氧化腐蚀是一个重要的问题。为了尽可能减缓金属连接板的腐蚀，在其组成中一般需要添加金属 Cr，形成不锈钢。在高温氧化性气氛中，Cr 被优先氧化，形成致密的 Cr_2O_3 保护膜，可以防止金属的进一步氧化[10]。之所以采用 Cr_2O_3 保护膜，而不采用 Al_2O_3、SiO_2 保护膜，是因为 Al_2O_3、SiO_2 具有电绝缘性，将显著增加连接板的表面电阻。不锈钢基体中的 Cr 含量需要超过 17%，即超过 430 不锈钢的 Cr 含量，这样才能形成连续的 Cr_2O_3 保护膜。典型的连接体材料如 Crofer22，其 Cr 含量更高，还加入了少量 Mo、Mn 及稀土元素，可增加氧化膜与金属基体的结合强度[3]。

即便是含 Cr 的不锈钢，表面形成的 Cr_2O_3 保护膜挥发，会导致其减薄消耗，同时污染阴极[11]，因此有必要在不锈钢的表面制备一层连续的尽可能致密的导电氧化物涂层。该涂层需要满足以下要求[12]：

① 尽可能高的电导率；

② 与金属基板热膨胀系数一致；

③ 薄而致密；

④ 与基板结合牢固。

涂层材料可以选用 SOFC 的阴极材料[13] 如 $La_{0.8}Sr_{0.2}MnO_{3-\delta}$，其优点是与 SOFC 阴极化学相容，高温下电导率高，与合金连接板热膨胀系数匹配；也可以选用尖晶石结构的 $MnCo_2O_4$、Mn_2CoO_4 的复合物[14]，其优点是化学稳定，可以防止合金中 Cr 氧化后向外挥发扩散，热膨胀系数也非常匹配，但是电导率相对较低[15]。

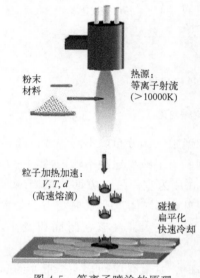

粉末材料

热源：等离子射流（>10000K）

粒子加热加速：
V, T, d
（高速熔滴）

碰撞扁平化快速冷却

图 4-5 等离子喷涂的原理

$La_{0.8}Sr_{0.2}MnO_3$ 涂层的制备方法一般采用等离子喷涂法，图 4-5 是等离子喷涂法的原理图，在温度高达上万开尔文（K）的等离子火焰中，将粉体通过气流导入，由于温度很高，粉体颗粒瞬间熔化成液滴。这些液滴在气流压力的作用下获得动能，被送到基板上，并产生塑性变形，成为扁平的颗粒。这些扁平颗粒重叠就可以得到涂层[16]。

利用等离子喷涂法得到的 $La_{0.8}Sr_{0.2}MnO_3$ 涂层，其致密度可以达到 90% 以上。由于该材料基本为电子导体，离子导电性小，能够很好地阻隔空气中的氧气向合金连接板表面扩散（无论是分子形态还是离子形态），具有很好的保护作用。

为了加强涂层与合金基体的结合，在喷涂实施前需要对连接板表面进行喷砂处理[17]，即利用压缩空气气流将刚玉砂、石英砂或者 SiC 颗粒等高强度的微粒加速，喷洒、撞击金属基体表面，将金属表面的氧化物层去除，同时产生具有一定表面粗糙度的新的金属表面。喷砂后的表面容易与氧化物涂层结合紧密，可防止涂层因热膨胀系数的失配而脱落。但是，喷砂过程可能由于压缩空气加速后砂粒的动能，或者金属的应力等因素而使连接板变形，所以等离子喷涂后的连接板往往需要退火整形处理，以恢复其平面结构[18]。

在喷涂的实施过程中，粉体通过气流向火焰中稳定输送是至关重要的，因此粉体需要有很好的流动性。可以采用喷雾造粒的方法得到球形颗粒，也可以通过固相法烧结后破碎、过筛，得到近似椭球的颗粒，颗粒的粒径一般控制在

$30\sim50\mu m$[19]。

虽然等离子喷涂可以得到质量很好的抗氧化涂层，但是由于上述过程比较复杂，同时需要比较昂贵的等离子喷涂设备，因此其连接板涂层的制造成本是比较高的。为了改善这种状况，辛显双等[20]针对尖晶石结构的 $MnCo_2O_4$ 或 Mn_2CoO_4 材料（MCO），研究了一种室温浆料喷涂结合高温烧结制备抗氧化涂层的方法。

为了节约成本，同时避免尖晶石材料被还原，一般希望在空气或氮气中烧结喷涂后的 MCO，但考虑到金属基体的氧化，烧结温度不能太高。为了提高粉体的烧结活性，辛显双等采用预还原方法将 MCO 粉体预先还原，得到纳米级的金属颗粒，其在空气气氛中烧结的同时再被氧化，得到比较致密的 MCO 涂层。图 4-6 为采用该方法得到的涂层照片，以及具备该涂层的金属面比电阻（ASR）随时间的变化曲线。由图可见涂层的保护效果非常明显。

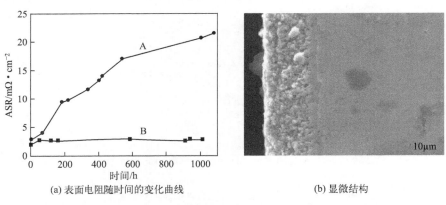

(a) 表面电阻随时间的变化曲线　　　　　(b) 显微结构

图 4-6　喷涂烧结法得到的 MCO 膜

4.2
密封材料与密封技术

SOFC 的单电池是陶瓷材料构成的，串联它们的连接板材料一般采用不锈钢，这些异质材料需要用密封材料紧密地结合在一起，因此对密封材料有很高的要求。在第 1 章中我们对几种密封材料进行了概述，虽然存在压紧密封的所谓软密封材料，但其往往需要在压力下才能达到一定的气密性。由于上一节所述的连接板的可能形变，以及单电池的不平整等原因，压紧密封有可能导致电池片的开裂[21]。因此，到目前为止应用得较多的还是玻璃陶瓷等所谓的硬密封材料。这类材料在高温下发生软化，自身变形以适应所处环境，填补单电池和连接板之间的缝隙，从而实现密封。密封完成后，玻璃在高温环境中晶化，黏度逐渐变大，固化而成为硬密封。硬密封的成功率高、气密性好，但是必须调整密封材料的热膨胀系数，使其介于合金连接板和陶瓷电池之间，尽最大可能地降低它们之间的热膨胀应力，从而保证密封能够经受热循环过程的考验[22]。

玻璃材料是以 SiO_2 四面体网络结构为基础构成的非晶相材料，通过添加碱金属、碱土金属、稀土金属等的氧化物，引入离子键，实现对 SiO_2 四面体网络结构的适度裁剪，从而调节玻璃的软化点和热膨胀系数[23]。一般而言，玻璃的软化点越低则热膨胀系数越高，而对于 SOFC 的密封材料而言，为了和金属连接板以及 Ni/YSZ 阳极相匹配，密封材料需要有较高的热膨胀系数[24]（图 4-7）；同时，为了适应 SOFC 的工作温度，玻璃的软化点不能过低。这就产生了一对矛盾，既要保证高的软化点，又要保证高的热膨胀系数。

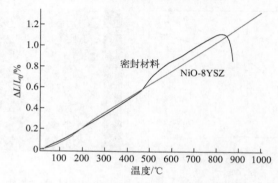

图 4-7　密封材料与阳极的热膨胀匹配曲线

为此，往往通过添加 Ba、La[25] 等碱性元素进行网络裁剪，以提高热膨胀系数；同时适当添加 B、Zn、Al[26] 等的氧化物，对材料进行优化，改善其与电池和合金连接板的润湿性、化学相容性等综合性能。

在实际工作中，除了有好的密封材料，还需要有好的密封工艺。最基本的办法是将玻璃熔化后压制成玻璃板，经过研磨、机械加工等，得到具有一定形状的玻璃密封环。其优点是材料内部没有气孔，可以容易地实现密封；其缺点是加工成本高、成品率低、材料浪费严重。针对这一缺点，我们开发了一种流延叠层热压加激光切割的密封环加工工艺。熔炼的玻璃不需要做成板状，而只需要颗粒状，经过适当的球磨、过筛后调整其目数，之后与溶剂、黏结剂、分散剂、塑性剂等一起球磨混合，配制成流延浆料。浆料经过流延、干燥、裁剪、叠层热压后，得到厚度可控的密封材料基板，利用激光切割办法将该基板切割成所需要的密封环用于装堆。剩下的边角料通过添加溶剂再溶解后又可以得到流延浆料，如

此回收使用使材料的利用率最大化。由
于流延法得到的密封环是柔软的结构，
所以其装堆时不易损坏，密封成功率
极高。

图 4-8 是流延热压激光切割法得到
的密封环照片，已成功应用于电堆组装。

国外也有些开发商将密封材料的浆
料装入类似牙膏的软壳中，使用时根据
需要挤出相应的量并形成环状，趁着密
封膏还软的时候进行电堆的密封并施加
机械压力，调整密封材料厚度[27]。用该

图 4-8　用于平板电堆的密封环

方法也可以实现紧密的密封，但挤出量和加压程度等参数的控制需要更多的
经验。

4.3
电流收集材料

电流的收集在电堆制备中也是非常重要的，平板式电池和管式电池相比，由
于容易施加机械压力，保证接触的紧密性，因此电流收集相对容易。即便如此，
也需要考虑接触的紧密性与密封的可靠性之间的矛盾。一般而言，当电流收集材
料较厚时，电堆组装的机械压力主要集中在该材料上，其优点是电接触好、电阻
较小，其缺点是密封环上承受的压力较小，严重时会导致密封失效；反之，为了
保证密封而使密封环变厚时，密封容易实现，但电流收集层的接触可能出现问
题。基于这样的矛盾，同时兼顾密封与电流收集是必要的。

电流收集材料需要有充分的电导率，金属（银网之于正极、镍毡之于负极）
是非常理想的电流收集材料，其电导率高、塑性变形强，是实验室研究的首选材
料[28]。但对于产业化的电堆而言，应尽可能避免银网的使用，因为其成本高昂，
而且银的扩散可能导致电池短路。为了解决这个问题，采用钙钛矿结构的高电导
率复合陶瓷，例如 LSC、LSCF[29] 等粉体，利用流延、丝网印刷等方法在电池
的阴极表面覆盖一层氧化物，可以在装堆时起到缓冲的作用。当升温密封使电堆
组装完成时，该导电氧化物粉体适度烧结，形成多孔的导电电流收集层，可以减
小阴极和连接板筋条之间的接触电阻。

有时，为了促进颗粒之间的烧结，粉体需要做得很细，以便增加其烧结活

性，或者适当掺杂 Bi[30] 等氧化物熔点较低的元素，以增加烧结性能。也可以在粉体中适当加入 AgNO$_3$，其在高温下分解产生微小的 Ag 颗粒，使颗粒之间的接触电阻变小。当然，具体采用哪种措施，需要综合考虑成本、寿命以及电池、电堆的综合性能。

参考文献

[1] Xie Y，Tang Y，Liu J. A verification of the reaction mechanism of direct carbon solid oxide fuel cells [J]. Solid State Electr，2012，17 (1)：121-127.

[2] Hilpert K，Steinbrech R W，Boroomand F，et al. Defect Formation and Mechanical Stability Of Pervoskites Based on LaCrO$_3$ for Solid Oxide Fuel Cells (SOFC) [J]. Journal of the European Ceramic Society，2003，23 (16)：3009-3020.

[3] 曹希文，张雅希，林梅，等.固体氧化物燃料电池合金连接体表面改性研究进展 [J].佛山陶瓷，2019，29 (10)：5-7.

[4] 侯红艳.中低温固体氧化物燃料电池连接材料抗氧化性与导电性能研究 [D].大连：大连理工大学，2019.

[5] Liu S，Song C，Lin Z. The effects of the interconnect rib contact resistance on the performance of planar solid oxide fuel cell stack and the rib design optimization [J]. Journal of Power Sources，2008，183 (1)：214-225.

[6] 付全荣，魏炜，刘凤霞，等.固体氧化物燃料电池连接体新结构设计及性能优化 [J].常州大学学报 (自然科学版)，2019，31 (05)：1-8.

[7] 高祥.平板式固体氧化物燃料电池连接体的设计与优化 [D].镇江：江苏科技大学，2016.

[8] Jiang S P，Love J G，Apateanu L. Effect of contact between electrode and current collector on the performance of solid oxide fuel cells [J]. Solid State Ionics，2003，160 (1-2)：15-26.

[9] 刘振彬，王蔚国，陈涛.固体氧化物燃料电池堆用连接板的新型结构探究与模拟 [J].化学工程与装备，2014 (02)：11-3，23.

[10] Ivers-Tiffée E，Weber A，Herbstritt D. Materials and technologies for SOFC-components [J]. Journal of the European Ceramic Society，2001，21 (10)：1805-1811.

[11] 陈鑫，韩敏芳，王忠利，等.铬基合金连接体材料在固体氧化物燃料电池中的应用 [J].稀有金属材料与工程，2007 (S2)：642-644.

[12] Chen X，Hou P Y，Jacobson C P，et al. Protective coating on stainless steel interconnect for SOFCs：oxidation kinetics and electrical properties [J]. Solid State Ionics，2004，176 (5-6)：425-433.

[13] Yang Z，Xia G G，Maupin G，et al. Conductive Protection Layers on Oxidation Resistant Alloys for SOFC Interconnect Applications [J]. Surface and Coatings Technology，2006，201：4476-4483.

[14] Qu W，Jian L，Hill J M，et al. Electrical and microstructural characterization of spinel phases as potential coatings for SOFC metallic interconnects [J]. Journal of Power Sources，2006，153 (1)：114-124.

[15] 柴杭杭，于静，支龙，等.固体氧化物燃料电池合金连接体尖晶石保护涂层研究进展 [J].热加工工艺，2016，45（22）：11-5.

[16] 张继豪，宋凯强，张敏，等.高性能陶瓷涂层及其制备工艺发展趋势 [J].表面技术，2017，46（12）：96-103.

[17] 孙启强.金属表面预处理研究 [J].现代涂料与涂装，2014，17（12）：64-67.

[18] Mandolfino C，Lertora E，Gambaro C. Effect of surface pre-treatment on the performance of adhesive-bonded joints [J]. Key Engineering Materials，2013，554：996-1006.

[19] 李成新，王岳鹏，张山林，等.先进陶瓷涂层结构调控及其在固体氧化物燃料电池中的应用 [J].中国表面工程，2017，30（02）：1-19.

[20] 辛显双，王绍荣，占忠亮，等.SOFC 合金连接体耐高温氧化涂层研究进展 [C].中国硅酸盐学会固态离子学分会理事会暨第一届固态离子学青年学术交流会，邢台，2011.

[21] 叶凡，毛宗强，王诚，等.固体氧化物燃料电池密封材料的研究进展 [J].电池，2010，40（04）：229-231.

[22] 朱庆山，彭练，黄文来，等.固体氧化物燃料电池密封材料的研究现状与发展趋势 [J].无机材料学报，2006（02）：284-90.

[23] Tulyganov D U，Ribeiro M J，Labrincha J A. Development of glass-ceramics by sintering and crystallization of fine powders of calcium-magnesium-aluminosilicate glass [J]. Ceramics International，2002，28（5）：515-520.

[24] 陈仲平.中温固体氧化物燃料电池封接玻璃的结构与性能研究 [D].福州：福州大学，2017.

[25] 张腾，张海，唐电.固体氧化物燃料电池封接玻璃的研究：成分与性能 [J].功能材料，2010，41（S2）：221-224.

[26] Lu K，Li W. Study of an intermediate temperature solid oxide fuel cell sealing glass system [J]. Journal of Power Sources，2014，245：752-757.

[27] Ferraris M，de la Pierre S，Sabato A G，et al. Torsional shear strength behavior of advanced glass-ceramic sealants for SOFC/SOEC applications [J]. Journal of the European Ceramic Society，2020，40（12）：4067-4075.

[28] 汪维，苑莉莉，丘倩媛，等.流延法制备单片式直接碳固体氧化物燃料电池组及其性能研究 [J].无机材料学报，2019，34（05）：509-14.

[29] Shong W J，Liu C K，Lu C W，et al. Characteristics of $La_{0.6}Sr_{0.4}Co_{0.2}Fe_{0.8}O_3$-$Cu_2O$ mixture as a contact material in SOFC stacks [J]. International Journal of Hydrogen Energy，2017，42（2）：1170-1180.

[30] 陈国华，刘心宇.Bi_2O_3 对堇青石陶瓷的烧结行为、相变和热膨胀性能的影响 [J].中国陶瓷工业，2003（02）：32-35.

第 5 章

SOFC测试技术要点

5.1
纽扣电池的测试

纽扣电池的测试主要用于研究电池材料和电极结构[1]，面对的是基础研究，要求得到尽可能真实的本征科学内容。一般纽扣电池的有效电极面积小于 $1cm^2$，电池的温度均匀，电流密度均匀，燃料利用率极小（营养很丰富），所以纽扣电池的性能要比大面积电池的性能好。

纽扣电池测试的意义和要求已经在其它著作中有较详细的描述[2]。此处重点阐述实施方法。与低温电池不同，SOFC 涉及中高温运行、危险气体，因此温度控制、密封、导线损失的规避、短路的避免等是需要关注的。

图 5-1 是研究阳极支撑型 SOFC 利用酒精为燃料的发电性能时的实验装置示意图。实验前的准备工作主要是电池的组装和部件的连接。需要注意的要点是电池的位置最好处于管式炉的恒温区域，尽可能靠近中部；为了保证密封，对密封环要施加一定压力，可以采用弹簧（图中未画出）加压，也可以将装置改为纵向，利用重力加压；电池的导线、热电偶延长线等不能短路，可利用万用表判断；外围接头的缝隙需要利用硅胶密封，而其位置需要考虑测试时温度不能过高，否则密封可能遭到破坏并导致漏气[3]，发生危险。一切准备就绪后，可按程序升温，首先使得密封环熔化，达到隔绝空气室和燃料室的目的。当温度稳定，并推算密封完成之后，首先需要用惰性的氮气检查密封是否完全，整个装置

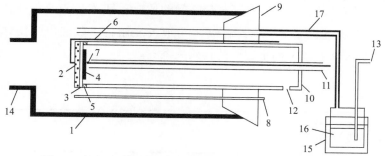

图 5-1　阳极支撑型纽扣电池测试装置示意图（酒精燃料）

1—加热炉管；2—阳极；3—电解质；4—阴极；5—密封玻璃；6—阳极导线；
7—阴极导线；8—热电偶；9—橡皮塞；10—氧化铝管；11—空气注入管；12—空气出口；
13—燃料载气入口；14—燃料出口；15—恒温水浴；16—酒精水溶液；17—铜管外敷加热带

是否漏气。其步骤是使 13、17 管路直接连接（另设旁路，图中未画出）而跳过燃料，注入氮气，检查 14 的尾气出口管路是否有气体流出（可用鼓泡法），空气出口 12、橡皮塞 9 的各个缝隙处是否有气体冒出（可用肥皂水）。只有当确认密封完全正常的情况下才可以继续试验，否则须停止试验，降温检查。偶尔由于加热炉管 1 在电炉的炉口附近有隐秘的裂纹，导致明明漏气却检查不出来的情况，这是因为在炉口温度梯度非常大。加热炉管 1 用久之后会产生裂纹，这就需要更换炉管（采用石英管可以避免此现象，因为石英玻璃的热膨胀系数小，抗热震能力强）。

当确认密封完全正常后，需要通 N_2 并等待 30min 以上，将燃料气室中的空气全部排完，才可以通入燃料进行阳极的还原。对于阳极支撑型电池，需要将 NiO 还原为金属 Ni 电池才能工作[4]，可采用 H_2/N_2 混合气进行还原，还原的条件（温度、H_2 浓度、时间等）应咨询电池制造商。当阳极还原完成之后，可以先测试 H_2 燃料的电化学性能，然后切换为酒精燃料再测试其性能。

温度是影响电池性能的重要因素[5]，一般需要测试 3~5 个温度点，讨论各阻抗成分的活化能。一般采用降温测试，避免电极活性材料边升温边烧结，导致电极结构前后不一致的情况。除了 I-V 曲线外，复数阻抗谱也含有重要的信息[6]，也需要进行测试，特别是非开路电压下的复数阻抗谱，在过去没有得到应有的重视，在条件允许的情况下最好加以采集[7]。一般的电池都含有阳极、阴极、电解质，电极上有支撑层、活性层、电流收集层等，电解质可能有阻挡层。这些相互串联的层对电池的内阻是如何贡献的，必须通过仔细分析电池的复数阻抗谱[8]，将不同频率的阻抗响应与电池的微结构和电极反应步骤相关联才能弄清楚。往往需要详细地解谱，拟合出阻抗峰的贡献；并通过改变温度求取活化能，改变气氛考察氧分压、燃料分压等对阻抗峰的影响等步骤，才能够基本确定。改变气体浓度的方法通常有氧气与空气的切换；H_2/N_2 混合气比例的调节；调节恒温水浴 15 的温度等。有时需要人为地改变制备参数和电池微结构[9-11]，对比阻抗谱的变化，才能确定它们的构效关系。

5.2
单电池的测试

单电池的测试在这里指的是具有实际使用面积（比如 $10cm \times 10cm$）的大面积电池的测试，既可以是自主开发的样品，也可以是购买的商业化产品。对于单电池的评价，首先是测试夹具的准备，这和研究目的有紧密的联系。

5.2.1 全陶瓷带铂金集流体的夹具

图 5-2 是日本千野（CHINO）公司开发的 SOFC 专用测试夹具，其采用氧化铝作为基本材料，避免了不锈钢夹具在高温下的 Cr 挥发[12]，因此可以排除 Cr 挥发对于阴极性能的影响；采用铂金网作为电流收集材料，不需要设置筋条结构，因此可以认为气体的流动、扩散基本没有"死区"，可以尽可能地释放出电池的性能；夹具的流场

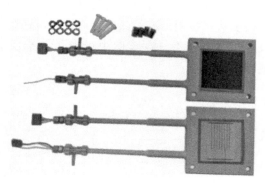

图 5-2　日本千野公司全陶瓷测试夹具

也可以根据需要调整为对流或顺流，可以考察流动方式的影响。

这样的测试夹具相对比较贵，但对于电池的寿命可以更加准确地进行测试和判断，所以在日本还是很受欢迎的。特别是电池供应商，他们非常希望表征自己的产品在理想情况（即排除不合理流场干扰等）下的性能，所以多采用这类夹具。

5.2.2 具有自制流场的夹具

作为电堆的开发商，自然关心电堆重复单元（含单电池、连接板、密封）的综合性能，也就是在自主开发的流场、连接板材料及其保护涂层工艺等基础上的电池性能发挥程度。为此，需要开发自制流场的夹具。

正常的连接板都有两面的流场，一面分配阳极气体，一面分配阴极气体。但是处于电堆上下表面的连接板，只需要分配一种反应气体，这样的半连接板称为端板。为保证气流的均匀性，端板的流场和连接板的流场需一样。但是考虑到电堆施加机械压力、电流引出、反应气体导入和尾气导出等需求，端板可能会被明显加厚，并赋予和外界连接界

图 5-3　采用自制夹具的单电池测试

面的功能[13]。具有这些功能的端板成对提供，就成了测试单电池的夹具。图 5-3 是利用自主研发的夹具进行单电池测试评价的照片，顶板、底板上分别有电流、电压引出线，气体进出的通气管，以及施加机械压力的装置。测试夹具放置于电炉内加热，控制炉温的热电偶应设在电池附近。组装时应注意绝缘，避免漏电导致电压信号丢失。在本例中设置了 5 套夹具平行放置，可以同时评价 5 片单电池。

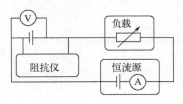

图 5-4　单电池测试接线图

单电池的测试和纽扣电池的测试相比，除了电池面积增大、测试目的不同、装置规模变大之外，在测试过程上基本相同。首先是组装，然后是短路检查。当升温到指定的密封温度并推测密封完成之后，一定要先用惰性的氮气来检验密封是否成功，只有密封成功才能继续试验。在确认密封成功的基础上，通过氮气置换、氢气还原等过程使单电池达到开路电压之后，才能够进行性能测试。图 5-4 为单电池测试接线图。

单电池测试和纽扣电池测试的一个显著区别在于电池面积很大，因而电流很大，大电流在导线上引起的电压损失很大，因此电流线必须足够粗，电压线最好与电流线分开，同时需要注意绝缘。此外，由于单电池的功率不足以克服导线上的损失，因此使用简单的电子负载（滑线电阻）不能完成整条 I-V 曲线的测试，需要增加一个恒流源，通过外部电源克服导线上的电阻，从而获得足够大的电流，完成 I-V 曲线的测试。另外，当电流很大时，一般的复数阻抗设备都不能承受，因此不能用普通的阻抗仪来对大面积单电池进行阻抗测试。这时需要有一个分流器（电子负载），让其承担主要的电流，而让阻抗测试设备按缩小比例来流过电流，这样才能测试单电池的阻抗。具体的设备设置等需要事先与厂家沟通。

5.2.3　特殊夹具

流场的设计是关系到电堆性能的重要方面[14]。在多物理场耦合的框架下，涌现了很多模拟计算模型，其模拟结果对流场设计提供了有效指导，节约了试验成本。然而，很多模拟计算模型的缺点在于缺乏必要的实验验证，因此，提供实验结果对理论模型进行验证是很有意义的工作。图 5-5 为在测试夹具上设置温度测试点，观测各点温度分布的实验设计及其结果，能够明显地检测到电池运行时的温度梯度。

图 5-6 为对电池的阴极进行分区设计，在同样的电压下，测试不同区的电

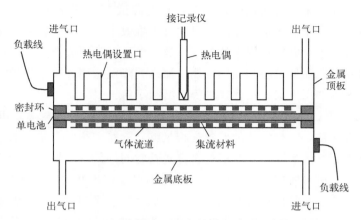

图 5-5 具有温度测试点的单电池测试夹具

流，从而为电流密度分布提供实验依据。针对这些实验设计，其夹具也需要做相应的调整，从而产生了特殊的夹具。

(a)　　　　　　　　　　(b)

图 5-6 分区域的阴极设计（a）及其电流密度分布（b）

5.3
电堆的测试

有关电堆的测试方法，推荐参考国家标准。在电堆测试之前，有必要先了解以下方面的内容。

① 首先需要了解电堆的基本参数[15-16]，比如燃料种类、额定功率、额定电流、额定电压、电堆是否被还原过、是否需要施加机械压力及压力范围。根据这些参数设计或选择适当的测试平台，确定其流量计的型号、流量范围、加湿手段是否合适，恒流源、电子负载、阻抗谱等的量程和精度是否合适。

② 根据测试目的，制定实验方案。例如主要关心的是 I-V 曲线还是额定功

率下的寿命，前者是短时间测试[17]。两者对于实验气体的准备、人员值班的安排要求不一样。如果关心电堆效率，那么燃料利用率必须精确控制，要了解厂家对燃料利用率的上限、放电电压的下限或者放电电流的上限是否有明确的要求；如果关心热循环性能，那么升降温速率、气氛保护需求、过程中的机械压力的加压方式、量程要求等都必须了解。

③ 注意安全。如电堆测试平台是否有紧急情况下的处理对策，电磁阀长期不用功能是否正常，吹扫气体的储备是否足够，管路、阀门、装置的接口、密封的缝隙等是否有气体泄漏，实验前是否有足够时间的氮气吹扫，实验室是否有危险气体传感器。尽可能使用金属管、卡套，不得已使用塑料管、塑料接插三通、乳胶管时，确认这些管件是否有老化现象，是否可能受到高温的接触而变形、熔化。了解实验服的规范性、静电防护、防火器材等措施是否到位，处置紧急情况的措施、培训，以及夜间需要值班时的双岗制等情况。

④ 密封确认、氮气吹扫置换、最后通入燃料的顺序和单电池测试类似。对于系统内有较大体积进行吹扫的情况，吹扫的时间和流量需要分别增加。

⑤ 数据采集频率和精度的控制。

⑥ 测试内容的把握，包括 I-V 曲线放电扫描（恒定气流或恒定燃料利用率）、恒流放电、恒压放电、恒功率放电、恒电阻放电等。

电堆测试系统如图 5-7 所示。

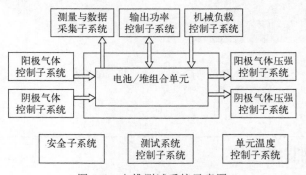

图 5-7　电堆测试系统示意图

一般而言，测试设备供应商会提供外围的子系统，但是电堆及其加热炉、温度控制系统，以及电堆与各子系统的连接界面等需要自主设计，外协加工。

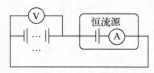

图 5-8　定电流放电示意图

5.3.1　定电流测试

定电流测试目的是考察电堆整体的工作能力，示意图如图 5-8。

在电堆两端连接一个电压表，通过恒流源为整个电路提供一个恒定的电流，测定电压表的数值，记录电池性能的变化。可以绘制电压随时间变化的曲线或者是功率密度随时间变化的曲线，以此来考察电堆的稳定性。

但是，在恒流放电过程中，我们要考虑放电电流的大小。如果放电电流过小，则使得电堆性能衰减缓慢，这样对于电堆稳定性的评估没有大的意义；如果放电电流过大，有可能致使电堆性能衰减迅速。假若电堆中每个单元组件并不都是很完整，单个电池有性能上的差异和优劣时，在大电流放电过程中，可能导致个别单电池出现问题，这会影响整个电堆的性能。另外，在大电流放电时，会使电化学反应速率加快，单位时间内产生的热更多，这对电堆的散热有着更高的要求。如果电堆散热不是很好，就可能导致局部过热现象的产生，它可能会对电堆中密封材料以及连接体材料甚至是单电池都有影响。因此，在恒流放电过程中，要注意放电电流的选择，根据实验目的选择适当的电流值。如果是考察电堆实际运行工况下的寿命，一般选择单电池电压大概为 0.7V 时放电的电流值。

5.3.2 定电压测试

通过外接负载，调节电堆两端的电压，使其为一恒定值，在这样的条件下进行工作，检测工作电流，考察电堆的性能，如图 5-9 所示。

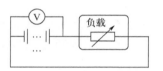

图 5-9 定电压测试示意图

通过引入的负载，让电堆进行放电，一般控制其电压在 0.7V 左右进行工作。定电压测试和定电流测试原则上都是用来考察电堆的稳定性的。当电堆非常优秀时，这两种方式实际没有区别。但是当电堆衰减较快时，定电压测试可以根据电堆的能力适时地调整电流，可避免深度放电造成的衰减加速现象。

5.3.3 定燃料利用率测试

进入电堆的燃料和空气是无法被完全利用的，因此有些燃料和空气没有参加反应就排出电堆了，故燃料利用率可以定义为：

$$\mu_f = \frac{电堆中反应的燃料的质量}{进入电堆中的燃料的质量} \tag{5-1}$$

按照同样的方式也可以定义空气利用率。由于实际运行的电堆中燃料的成分可能十分复杂，既包含氢气又含有 CO 和 CH_4 等，因此燃料用量的计算一般采用其消耗的氧气用量来估算：

燃料电池中每摩尔氧气发生反应转移的电子数为 4，因此

$$电荷数 = 4F \times O_2 \text{ 的物质的量} \tag{5-2}$$

将式(5-2) 这一数值除以时间并进行整理可得：

$$O_2 \text{ 的用量} = \frac{I}{4F}(\text{mol} \cdot \text{s}^{-1}) \tag{5-3}$$

这是针对单电池而言的。对于含有 n 个单电池的电堆而言，因各电池串联，电流相等，每片电池消耗的氧量是一样的。所以要将上述数值乘以 n，即：

$$O_2 \text{ 的用量} = \frac{In}{4F}(\text{mol} \cdot \text{s}^{-1}) \tag{5-4}$$

根据测试时的电流 I，算出实际电堆运行过程中所消耗的 O_2 量，再根据燃料气体流量就可以计算燃料利用率。反过来，当要进行定燃料利用率的测试时，可以根据电流的大小计算氧消耗量，再根据确定的燃料利用率，计算并实时调整实际需要通入的燃料流量。

如果燃料气体很纯，采用氢气的话，H_2 用量的计算方式与 O_2 的用量类似，可采用式(5-5) 计算：

$$H_2 \text{ 的用量} = \frac{In}{2F}(\text{mol} \cdot \text{s}^{-1}) \tag{5-5}$$

燃料利用率是衡量电堆的一个重要指标，在实际需要的燃料利用率下测量电堆，有助于评估电堆的长期稳定性。

5.3.4 多通道监控

对于一个电堆来讲，它可由多个单电池串并联组成，也可以是多个模块串并联组成。单电池和模块的一致性是 SOFC 电堆走向实际应用的关键，也是制造厂家最关注的内容。体现在电堆的测试监控上，就是要求多通道的电压监控（针对串联）或者电流监控（针对并联）。监控的目的主要是便于发现问题，比如不同批次生产的电池性能与寿命比较，电堆中不同位置和环境下的电池性能与寿命比较等。市售的测试设备一般都具备此功能，自建的测试系统可以采用多通道记录仪来实现。

5.4
从系统角度对电堆的要求

固体氧化物燃料电池的热效率首先有一个热力学因子，或者称为理论效率，这是燃料燃烧时的吉布斯自由能变化与焓变的比值。在热力学上，尽管燃料的热值（定压燃烧热）为$-\Delta H$，但能够做功的部分不会超过$-\Delta G$。对于甲烷、碳燃料，热力学因子为 1.0；而对于 H_2、CO 燃料，热力学因子分别为 0.78 和 0.70 左右（和工作温度有一定关系）。

5.4.1　电堆的工作电压

工作电压与能斯特电动势（在没有漏电电流时为开路电压）的比值，代表了吉布斯自由能变化$-\Delta G$中实际转化为电功的那一部分能量所占的比例，定义为电压效率。工作电压越高则 SOFC 的效率越高，但这意味着电流密度和功率密度越低，每 1kW 功率所对应的电堆成本越高。一般而言，SOFC 单电池的工作电压控制在 0.7～0.9V 之间。在该电压范围内努力提高功率密度，就成为电堆性能改善的一个重要内容，主要通过降低欧姆电阻和电极极化来实现。

5.4.2　电堆的燃料利用率

电堆的燃料利用率定义为在电堆中被电化学转化的那部分燃料占输入电堆的燃料的比值。在一般的中小功率系统中，剩余的燃料被尾气燃烧器燃烧，转化为热能回收。由于燃烧反应导致严重的有效能损失，从提高转化效率的角度当然希望电堆的燃料利用率尽可能地高，这样电热比得以提高，同时尾气燃烧器的工作强度可以降低。提高燃料利用率的办法，最主要的是提高单电池的性能，比如降低浓差极化，使燃料分子能够快速地扩散到活性电极的三相界面处；也可以考虑增加燃料气体在电堆中的保留时间，也就是通过延长流道来实现。复杂的流道带来的加工困难可以通过采用刻蚀法加工来解决。好的电堆其燃料利用率可以达到 80％以上，但人为控制过高的燃料利用率可能导致阳极 Ni 颗粒的氧化，这对电堆的寿命会产生显著影响。

5.4.3　内重整比例

天然气是重要的燃料，由于其氢碳比例最高，有助于降低 CO_2 排放，因此在全球范围内正推动其广泛的应用，而煤炭的使用量将逐年降低。以天然气为燃料时，由于甲烷分子裂解产生的积碳效应，一般不会直接使用干甲烷发电，而是需要通入水蒸气，使水碳比达到 2 以上，在重整催化剂的作用下将甲烷分子转化为 H_2 和 CO 再发电。转化的过程称为重整，如果重整发生在电堆外部称为外重整；如果重整发生在电堆内部称为内重整。由于甲烷的水蒸气重整是一个吸热反应，内重整可以吸收电堆工作时放出的热能，使之转化为化学能，因此内重整能够提高电堆的电效率。也可以将内重整理解为使用甲烷分子直接发电，其热力学效率高，使得电堆效率增加。内重整还有一个好处是降低了空气过量比，不需要过多的空气来带走电堆产生的热量，因此鼓风机的负荷可以降低，这对系统整体效率的提高是有意义的。当然，由于吸热反应可能导致局部的温度过低，加大电堆内的温度梯度，所以内重整电堆的设计需要十分小心。一般而言，实际系统集成时电堆采用的是部分内重整，这就产生了内重整比例的问题。在优化电堆设计中尽可能地增加内重整比例，对于提高系统效率是有意义的。

5.4.4　空气过量比

SOFC 电堆工作时会发热，热能来自两部分，一是可逆热，即 $T\Delta S$，这部分热能是不可以通过优化电池而减少的；另一部分是不可逆热，即 $I\Delta V$，这是电流与电压降的乘积，它是可以通过优化电池，降低 ΔV 来改善的。对于实用化的电堆，随着电池尺度越来越大，电堆的比表面积越来越小，通过辐射散热越来越难，因此需要通过加大空气过量比来把多余的热量带走。但空气过量比越大则鼓风机的功率消耗越大，这部分功率称为寄生功率，需要从电堆的功率中扣除才能得到实际的功率输出，因此空气过量比过大会降低系统的效率。近年来，有人开始研究利用热管技术来加速电堆的传热，减小温度梯度，降低空气过量比。这是非常有意义的工作，当然也会增加电堆设计难度和成本。

5.4.5　压阻与寄生功率消耗

上述谈到的寄生功率消耗不仅跟风量（空气过量比）有关，还与电堆的压阻有关。压阻是指空气入口和出口的压强差，这个压强差用于推动空气流动。一般在空气流动方向有一个截面积，其正比于流道高度，高的流道使截面积增加，压阻降低。但高的流道同时意味着电堆体积增加、材料成本增加，所以也需要综合考虑。另外，由于电堆外部是一个大气压，高的压阻意味着电堆内部压强势必增加，对密封材料提出了更高的要求，一方面需要提高黏度以降低流动性，另一方面密封边的宽度也需要增加。

参考文献

[1]　Digiuseppe G，Sun L. Long-Term SOFCs Button Cell Testing [J]. Journal of Fuel Cell Science and Technology，2014，11（2）：021007.

[2]　刘亮光，罗凌虹，程亮，等. 固体氧化物燃料电池纽扣电池的电化学性能测试技术研究[J]. 陶瓷学报，2017，38（02）：206-211.

[3]　叶凡，毛宗强，王诚，等. 固体氧化物燃料电池密封材料的研究进展 [J]. 电池，2010，40（04）：229-231.

［4］ 张珺，周和平，刘志辉，等. NiO 包覆 YSZ 固体氧化物燃料电池阳极材料的制备研究 ［J］. 稀有金属材料与工程，2007（S2）：606-608.

［5］ Barelli L，Bidini G，Cinti G，et al. SOFC regulation at constant temperature：Experimental test and data regression study ［J］. Energy Conversion and Management，2016，117：289-296.

［6］ 施王影，贾川，张永亮，等. 固体氧化物燃料电池电化学阻抗谱差异化研究方法和分解 ［J］. 物理化学学报，2019，35（05）：509-516.

［7］ Nenning A，Bischof C，Fleig J，et al. The Relation of Microstructure，Materials Properties and Impedance of SOFC Electrodes：A Case Study of Ni/GDC Anodes ［J］. Energies，2020，13（4）：987.

［8］ 庄林. 弛豫时间分布法分解固体氧化物燃料电池电化学阻抗谱 ［J］. 物理化学学报，2019，35（05）：457-458.

［9］ 梁超余，王家堂，苗鹤，等. 高温固体氧化物燃料电池多孔电极结构介尺度研究方法 ［J］. 化工进展，2020，39（03）：906-915.

［10］ 单耕，由宏新，丁信伟，等. 固体氧化物燃料电池阳极结构研究进展 ［J］. 电源技术，2005（07）：488-490.

［11］ 揭雪飞. 钙钛矿型复合氧化物的结构分析及其在 SOFC 阴极中的应用 ［J］. 广东轻工职业技术学院学报，2006（01）：14-18.

［12］ 李俊. 中温固体氧化物燃料电池金属连接体的氧化行为和 Cr 挥发特性及其表面改性 ［D］. 武汉：华中科技大学，2018.

［13］ 刘志伟，杨海玉，胡杨月. 燃料电池堆力学结构研究与端板设计优化 ［J］. 东方电气评论，2015，29（02）：8-14.

［14］ 方大为，王凯，颜冬，等. 外气道 SOFC 电堆流场的优化设计和数值模拟 ［J］. 电源技术，2013，37（09）：1550-1553.

［15］ 苏巴辛格尔，巩玉栋，宋世栋，等. 国际固体氧化物燃料电池堆及系统 ［J］. 中国工程科学，2013，15（02）：7-14.

［16］ 陈建颖，曾凡蓉，王绍荣，等. 固体氧化物燃料电池关键材料及电池堆技术 ［J］. 化学进展，2011，23（Z1）：463-469.

［17］ Blum L，Packbier U，Vinke I C，et al. Long-Term Testing of SOFC Stacks at Forschungszentrum Jülich ［J］. Fuel Cells，2013，13（4）：646-653.

第 6 章

SOFC发电系统简介

6.1

SOFC 发电系统分类

固体氧化物燃料电池是一种将燃料中的化学能转化为电能的能量转换装置，以电池堆为核心部件的发电系统是其最终的产品形式。SOFC 发电系统的技术指标众多，但从用户端角度考虑最重要的包括：①启动时间，尽管 SOFC 工作温度高，但用户都希望能够在尽量短的时间内投入使用，系统的热启动方式和电堆耐受热冲击的能力决定了系统的启动时间。②系统发电效率，即电堆输出电力扣除系统部件耗电后的净输出与系统输入的燃料化学能的比值。③系统能量利用率，即系统发电效率与热回收效率的综合，能量利用率和燃料价格共同决定了用户的设备投资回收期。④系统衰减率与寿命，一般认为系统发电能力下降 20％ 的时间为系统的寿命，系统寿命越长，用户的设备使用收益越高。

按照发电系统的功率输出大小和使用场景等，SOFC 发电系统可分为百瓦级便携式电源系统、千瓦级家用热电联供（combined heat and power，CHP）系统、千瓦级汽车辅助电源（auxiliary power unit，APU）与增程器（range extender）系统、分布式电源及固定电站用百千瓦、兆瓦级发电系统等。各种系统由于应用环境和要求的不同，其具体技术指标的侧重点、电堆结构类型和所使用的燃料等也有所不同（表 6-1）。

表 6-1　各种不同类型 SOFC 发电系统比较

系统类型	输出功率范围	技术侧重点	常用电池与电堆类型	使用燃料	代表性企业
便携式电源	<200W	热启动迅速（<30min）；电堆抗热震性好；电堆耐热循环性能好	微管式电池及电堆	醇类、丁烷等	Ultra-AMI
家用热电联供	1～5kW	长期稳定性好（>40000h）；根据用户需求兼顾电与热；安全可靠	平板及扁管式电堆	管道天然气、城市煤气、沼气等	Osaka Gas，Solidpower，Ceres Power
汽车辅助电源与增程器	5～10kW	热启动迅速；电堆耐热循环性能好；电堆抗震性好；系统抗硫能力较强；系统电效率高	金属支撑型电池及电堆	汽油、柴油等	Delphi，AVL，Nissan
分布式发电及固定电站	>100kW	长期稳定性好（>80000h）；系统电效率高；电堆和系统部件模块化程度高,便于替换与维护	平板式/管式电池及电堆	天然气、煤制气和生物质气等	Bloom Energy，MHI，Fuel Cell Energy

以下对各种不同发电系统作详细论述。

6.2
便携式电源

  SOFC 便携式电源一般指功率为数百瓦级以内，用于个人电子设备、小型无人机和小型无人车辆等的电源系统。根据使用环境的需求，便携式电源系统要求热启动迅速（一般要求小于 30min）、能够反复热启动（超过百次的热循环）、体积和重量能量密度高；一般不要求热回收，并且对成本、寿命和发电效率等指标要求也不高。

  从 SOFC 结构、形状方面看，管式尤其微管式 SOFC 抗热震性强，比较适合便携式电源系统。国内外众多研究机构对微管式 SOFC 展开了研究，如日本 AIST 的 Suzuki 教授的团队对微管式 SOFC 单电池及电堆进行了深入研究（图 6-1）。能够直接使用碳氢化合物燃料的阳极材料和中低温阴极材料是基础研究领域的重点。阳极支撑管通常采用挤出成型、静电纺丝和模具浇注等工艺方法制备，电解质层和阴极层则采用浸渍法或丝网印刷等工艺制备。虽然较小的管径提高了体积能量密度，但也给电池尤其内部阳极侧的集流带来了困难。除此之外，从单电池到电堆集成的封装和串并联也是技术上的难点。

图 6-1 日本 AIST 的微管式 SOFC 单电池及电堆模块[1]

  相对于微管式单体电池及模块，便携式电源系统集成难度更大。燃料多使用丁烷、醇类等液体燃料以提高能量密度，但能量密度和便携性的限制也使得系统无法采用水蒸气重整，因此部分氧化重整反应器成为必然选择。燃烧器和换热器等也必须采用紧凑化设计，在最小的体积内实现系统功能。近年来，采用纳米技术和半导体工艺技术集成的微型 SOFC 技术也得到了迅速发展。

美国 Ultra-AMI 公司的 SOFC 便携电源已在单兵作战系统、无人机等领域中得到了初步应用（图 6-2）。同时，以 SOFC 系统作为主电源的长续航无人机、水下无人潜航器等也已经出现了样机。

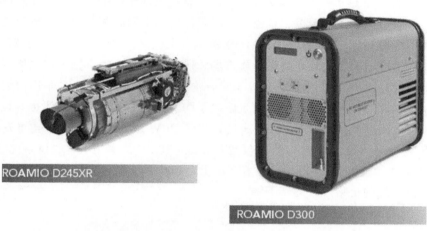

图 6-2　美国 Ultra-AMI 公司的 SOFC 便携电源产品[2]

6.3
家用热电联供系统

家用热电联供系统，一般以城市管道天然气、城市煤气、沼气（农村）等为燃料，根据具体居住环境兼顾电与热的需求（可调节发电效率在 45%～60% 之间，同时相应地调整热效率，对我国这样幅员辽阔、气候差异较大的国家尤其重要）；根据家庭用电负荷，一般发电功率为 1～5kW，热电联供后的系统能量利用率高达 85%～90%。

为了分摊用户的设备投资成本，系统需要长时间稳定运行，因此对 SOFC 电堆的衰减率提出了很高的要求。计算表明，为了达到十年以上的使用寿命，系统中电堆的性能衰减率需要小于 $0.1\% \cdot (1000h)^{-1}$，这不仅需要 SOFC 电堆的各部件材料在实际使用环境中具有较好的长期稳定性，更需各个 BOP 元件在使用中具有较好的稳定性，并且容错、可替换。家庭用电具有明显的时段性，并且用电负荷波动较大，出于 SOFC 发电长期稳定并且不希望多次热循环的考虑，如果能够在满足高峰期用户用电负荷的基础上，允许剩余电力进入电网，必然能够进一步降低 SOFC 设备的分摊成本，但这需要政府和产业界的政策支持。

2011 年 3 月 2～4 日，在日本东京有明国际会展中心举办的第七届国际氢燃料电池展（FC EXPO 2011）上，JX 日矿日石能源（ENEOS）株式会社展出了家用 SOFC 系统，其额定输出功率为 700W，额定发电效率为 45%，额定热回收效率为 42%，蓄热水箱的容量为 90L，该款燃料电池于 2011 年 10 月在全球率先上市。大阪燃气、爱信精机、京瓷、长府制作所、丰田五家公司已完成家用固体氧化物型燃料电池（SOFC）的联合开发，由大阪燃气于 2012 年 4 月 27 日以"ENE-FARM type S"的商品名投放市场。该系统的核心为京瓷公司（Kyocera）开发的扁管式阳极支撑型电堆（图 6-3），他们不仅创新性地采用扁管构型，结合了平板型和管型各自的优点，而且解决了陶瓷连接体和单电池一体化共烧结的难题。以此为基础，Kyocera 已经成功开发了 3kW 级扁管电堆，并且将发电效率提升至 52%。到 2017 年 5 月，包括 PEM 和 SOFC 的家用热电联供系统 ENE-FARM 全球销量突破 20 万套。随着产量上升和技术成熟，目前日本 SOFC 家用热电联供系统的价格还在逐年下降。

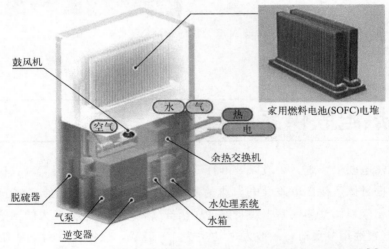

图 6-3　Kyocera 公司用于家用热电联供系统的扁管电堆结构示意图[3]

意大利 Solidpower 公司的产品为 2kW 热电联供燃料电池系统（图 6-4），命名为 BlueGen，电堆工作温度为 780℃，电效率可超过 60%，热效率为 25%。目前，该产品已销售至德国、瑞士、法国和荷兰，包括 E. ON Ruhrgas、EWE、RheinEnergie、GdF Suez、Alliander 和 Gasterra 等公司，并与日本三井株式会社和大阪煤气等公司合作，在大阪地区开展系统的示范运行。目前该公司还与我国的潮州三环集团就 SOFC 热电联供系统展开持续深度合作。

图 6-4　Solidpower 公司的 BlueGen 示意图[4]

除了以上两家公司，目前世界上还有多家公司推出了家用 SOFC 热电联供系统产品，包括英国的 Ceres Power、德国的 BOSCH 和 Vaillant、瑞士的 HEXIS 等。截至 2017 年，已经有超过 600 套 SOFC 热电联供系统在 10 个欧盟成员国（其中德国最多）进行了安装和示范运行[5]。

多个国家和公司的示范运行已经表明，SOFC 热电联供系统进入家庭已经基本不存在技术上的问题。设备本身的经济性是打开市场的关键，而各国燃气和电的价格比是决定 SOFC 家用热电联供系统发展的重要参数。当然，SOFC 发电系统的设备价格也需要通过产业链的发展而进一步降低。

6.4
车用辅助电源与增程器

与质子交换膜燃料电池（PEMFC）在各类车辆上成功应用并进入初步商业化不同，SOFC 较高的工作温度和较慢的启动速度决定了其在车辆方面应用时，只能作为供车辆电器使用的辅助电源或者电动汽车上的增程器。但 SOFC 能够直接使用目前汽车常用的天然气或者油类燃料，不需要新建加氢站等基础设施，这使得 SOFC 技术在该领域有着广阔的应用前景。

为了满足汽车上的使用环境，SOFC 汽车辅助电源系统需要能够以油类为燃料、快速升降温，并且抗机械振动。由于油类燃料中硫含量较高，此类系统对脱硫器的要求很高，同时需要采用部分氧化重整器来提高系统的启动速度。但与此同时，需要大量过量空气在电堆工作时起到冷却作用，而大的空气流量意味着鼓风机的高能量消耗，需要设计者们在电堆工作温度（功率）和系统能效（净效率）方面取得平衡。

SOFC-APU 系统多用于大型冷藏车、长途货运车、飞机等[6]，这类运输工具耗电量较大且长时间运行，对辅助电力系统的启动时间要求不高，能够使用汽油、柴油直接发电，因此发电效率高的 SOFC 就有了用武之地。目前，美国的 DELPHI 公司和欧洲的 AVL 公司对汽车用 SOFC-APU 系统进行了较多研究，并且已有实际使用该系统的卡车进行了上路测试（图 6-5）。尽管开始了初步测试，但 SOFC 电堆在含硫燃料和不同空气质量以及颠簸路况下的稳定性、可靠性仍然是下一步研发的重点。

图 6-5　DELPHI 公司的 SOFC 汽车辅助电源[7]

近年来，新型金属支撑型平板 SOFC 的研发得到了长足进步[8]，该电堆构型具有平板式结构高功率密度的优点，同时金属支撑结构有利于快速升降温、力学性能好，因此在 SOFC 车用电源系统领域得到了较多的应用。如日产汽车公司和 Ceras Power 公司合作，研发了采用金属支撑型 SOFC 电堆的生物乙醇燃料汽车，并进行了路试（图 6-6）。以动力锂离子电池为主电源，SOFC 发电系统作为增程器的系统构架，可以有效避免快速启动到高温的难题，同时也可以缓解输出功率大幅波动对 SOFC 电堆的冲击。

图 6-6　日产汽车公司的生物乙醇燃料的 SOFC 汽车[9]

6.5
分布式发电与固定电站

分布式电源一般要求较大的功率输出（＞100kW），同样为了分摊用户的设备投资成本，系统需要具备较长的寿命和较好的系统稳定性，并且要求 SOFC 电堆和热区、BOP 部件等模块化程度高，这样不仅便于产业界的批量化生产和降低成本，而且便于系统产品的定期维护和损坏后的模块替换。分布式电源往往要求较高的电效率，典型的分布式电源一次发电效率接近甚至超过 60%。

在目前的 SOFC 发电系统产业化大潮中，美国的 Bloom Energy 公司无疑是技术和营销的典范。2010 年 2 月 24 日美国清洁能源公司 Bloom Energy 向全世界公布了其微型发电站 Bloom Box，这样一个系统的价格为 70 万～80 万美元，可提供 100kW 的电力，占地则相当于一辆车的车位（图 6-7）。目前该公司的主打产品为 100 kW、200kW 的发电模块，若干个发电模块组合后形成 MW 级的分布式发电装置提供给用户。该公司的产品在 Google、FedEx、Wal-Mart 和 eBay 等公司的园区进行了试运行，已经取得了良好的效果，公司也于 2018 年 7 月 25 日于纽交所成功上市[10]。目前 Bloom Box 的成本依然很高、售价昂贵，但其之所以能够商业化和持续发展，关键的一点在于它解决了衰减率的问题。Bloom Energy 的发电系统据称可以在 800℃下连续工作十年，这样设备折旧率平摊到每千瓦时电上的费用就变得比较容易接受。同时，在电堆结构方面他们选择了虽然电化学性能相对较低，但可靠性更佳的电解质支撑型单电池，电堆和系统的模块化设计也使得替代性和可靠性更高。当然，以数据中心这样的有长时间电力需求的大户作为市场切入点，以及美国电价贵、气便宜等国情特点也是其成功的关键。

图 6-7　Bloom Energy 公司的 Energy Server 示意图[11]

日本的三菱重工公司（MHI）开发了以管式竹节型单电池为核心的 200kW 级高温电堆，并和微型燃气轮机（micro gas turbine，MGT）联用，构建并示范运行了 200kW 的 SOFC-MGT 混合发电系统，发电效率达到 55％（图 6-8）。2018 年该系统已进入初步商业化阶段，并预计以此为基本单元构建的 MW 级固定电站，发电效率可达 60％～70％。

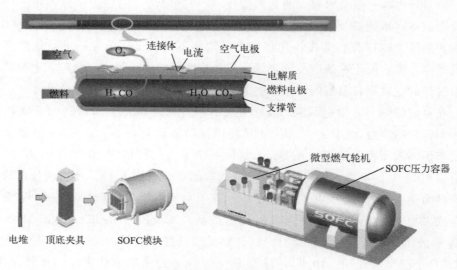

图 6-8　日本三菱重工的管式竹节型单电池及 SOFC-MGT 系统[12]

除了 Bloom Energy 和 MHI，美国的 Fuel Cell Energy 公司也进行了以阳极支撑型平板电堆为核心的 200kW 级 SOFC 发电系统的示范运行；由 Convion、VTT 和英国帝国理工学院等多家欧洲公司和研发机构联合开发的、以生物质气为燃料的 50kW 级 SOFC 发电系统也已投入示范运行（图 6-9）。该示范工程首次将 SOFC 发电系统布置在生物质气的生产现场，实现了可再生能源的综合高效利用。

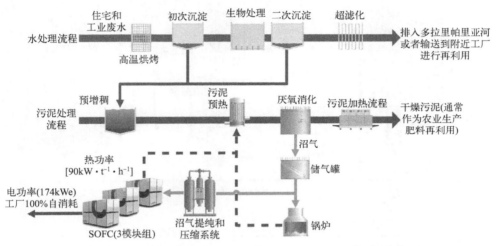

图 6-9　生物质燃料的 SOFC 发电系统原理与流程示意图[13]

基于煤基燃料的大规模集中气化高效发电模式，如果采用热机的联合循环则被称为 IGCC（integrated gasification combined cycling）技术；如果采用燃料电池则可称为 IGFC（integrated gasification fuel cell）技术。后者因不受卡诺循环效率限制，能量利用率更高。IGFC 由于发电后的尾气中 CO_2 浓度非常高，便于储存，可以达到近零排放，因而在美国也被称为零排放系统，以未来发电计划（FutureGen）的形式而得到重大支持，其原理与流程如图 6-10 所示。IGFC 系统中除了 SOFC 之外，其它子系统的技术都相对成熟。我们知道，煤制气中除了 H_2、CO、CO_2 等主要成分，H_2S 等杂质含量较高，因此需要有针对性地优化阳极材料，提高 SOFC 在煤制气中的稳定性。我国目前的电力结构中，绝大部分为燃煤的火力发电，其一次发电效率和能量利用率相对较低，如果能够开发 IGFC，对于优化我国能源结构具有重大意义。

不管是哪种类型的固定式电站，都面临系统功率由千瓦级向百千瓦级甚至兆瓦级的提升，由电堆模块组成的"电堆塔"无疑是整个系统的核心部分。一方面，基本电堆模块的性能一致性和可靠性极其重要，否则在电堆塔集成过程中很容易出现"千里之堤，溃于蚁穴"的风险；另一方面，在电堆塔热区中，物质传

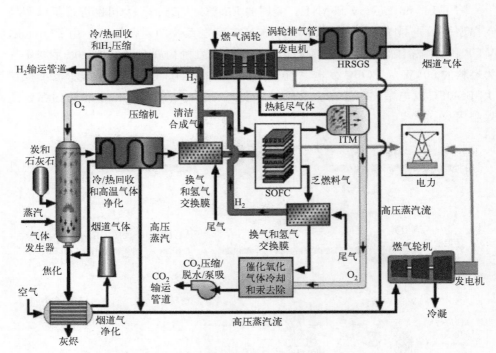

图 6-10　IGFC 系统原理与流程示意图[14]

HRSGS 表示热回收和水蒸气发生系统；ITM 表示氧离子透过膜（透氧膜）

导、热传导与辐射和电化学反应的多物理场耦合现象需要细致地计算与模拟，确保气体能够均匀地流入各个电堆，电堆发电产生的热能够及时导出，使得热区中的温度均匀，这样各个电堆才能实现稳定、均一的功率输出。

参考文献

[1]　Sumi H，Yamaguchi T，Hamamoto K，et al. Development of Microtubular SOFCs for Portable Power Sources [J]. ECS Transactions，2013（57）：133-140.

[2]　McPhail S J，Kiviaho J，Conti B. The Yellow Pages of SOFC Technology Internal Status of SOFC deployment [M]. Energy Technology Network，2017.

[3]　Yoda M，Inoue S，Takuwa Y，Yasuhara K，Suzuki M. Development and Commercialization of New Residential SOFC CHP System [J]. ECS Transactions，2017（78）：125-132.

[4]　Bertoldi M，Bucheli O，Ravagni A. Development，Manufacturing and Deployment of SOFC-Based Products at SOLIDpower [J]. ECS Transactions，2017（78）：117-123.

[5]　Nielsen E R，Prag C B. Learning points from demonstration of 1000 fuel cell based micro-CHP units. Ene Field Project，2017.

[6] Fernandes M D. et al. SOFC-APU systems for aircraft: A review [J]. International Journal of Hydrogen Energy, 2018, 43: 16311-16333.

[7] Mukerjee S, Haltiner K, Kerr P, Kim J Y, Sprenkle V. Latest Update on Delphi's Solid Oxide Fuel Cell Stack for Transportation and Stationary Applications [J]. ECS Transactions, 2011 (35): 139-146.

[8] Krishnan V V. Recent developments in metal-supported solid oxide fuel cells [J]. Wiley Interdisciplinary Reviews-Energy and Environment, 2017, 6 (5): e246.

[9] Matsumoto M. E-Bio Fuel Cell, World Congress on Industrial Biotechnology. Canada, 2017: 23-26.

[10] 高工锂电网. 美国·氢燃料电池"独角兽""Bloom Energy"正式上市. https: // www. gg-lb. com/asdisp2-65b095fb-33833-. html.

[11] Deepika P, Kumar M N, Sivasankar P. A Review: Bloom Box——A Solid Oxide Fuel Cell [J]. International Research Journal of Engineering and Technology, 2018 (5): 1562-1567.

[12] Kobayashi Y, Ando Y, Kabata T, Nishiura M, Tomida K, Matake N. Extrmely High-efficiency Thermal Power System-Solid Oxide Fuel Cell (SOFC) Triple combined-cycle System [J]. Mitsubishi Heavy Technical Review, 2011 48 (3): 9-15.

[13] Gandiglio M, Lanzini A, Santarelli M, et al. Results form an industrial size biogas-fed SOFC plant (the DEMOSOFC project) [J]. International Journal of Hydrogen Energy, 2020 (45): 5449-5464.

[14] Fontell E, Kivisaari T, Christiansen N, et al. Conceptual Study of 250 kW SOFC system. Wartsila Corporation and Haldor Topsoe A/S.

第 7 章

发电系统的核心部件与集成简介

尽管有着不同类型的 SOFC 发电系统，但其原理与流程等大致相同，以图 7-1 天然气燃料的 SOFC-CCHP（combined cooling，heat and power，CCHP）系统的流程图为例。燃料（天然气）经换热、脱硫后和空气一起进入重整器，重整后得到的 CH_4、H_2、CO、CO_2 和 H_2O 的混合气体换热升温后进入电堆模块的阳极侧，阳极尾气与重整器的混合气体相互换热后进入燃烧器，与电堆出来的空气混合后完全燃烧，燃烧器烟气进入高温换热器，对进入电堆的天然气、水蒸气等进行预热。空气经过滤后由鼓风机带入系统，与电堆流出的高温空气尾气进行换热，一般升至高于 650℃后，再进入电堆模块阴极侧，发电后剩余的空气进入换热器，降温后进入燃烧器与燃料气进行混合燃烧。燃烧后的烟气经过多级换热、充分利用余热后排出系统。系统的废热可以利用溴冷机来制冷，也可以换热制热水，充分实现能量的梯级利用[1]。

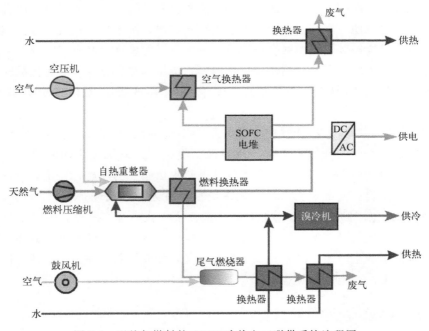

图 7-1　天然气燃料的 SOFC 冷热电三联供系统流程图

　　从以上流程可以看出，在 SOFC 发电系统中，除了电堆模块，还包括大量辅助部件（blance of plant，BOP）。BOP 部件包括燃料重整器（reformer）、燃烧器（burner），换热器（heat exchanger）、脱硫器（desulfurizer）、泵与风机（pump and blower）等。除此之外，系统中的元器件还包括保温材料、流量控制器、温度、压力传感器、燃气报警器、DC/DC 转换器、DC/AC 逆变器与自动控制系统等[2]。

以上的 BOP 部件虽然较为常见，但是传统化工行业所使用的成熟产品，由于其具体使用环境和技术参数与 SOFC 的差异，往往难以满足 SOFC 发电系统的需求，需要专门研发[3]。这不仅增加了 SOFC 技术的复杂度，也提高了发电系统产品的成本。以下章节就几个关键部件的技术要求等作简单论述。

7.1
燃烧器

7.1.1 燃烧器概述

在工农业生产中常用的燃烧器，是指使燃料和空气以一定方式喷出混合（或混合喷出）燃烧的一类装置。工业上的大型燃烧器，按燃料的性质，分为燃油燃烧器、燃气燃烧器以及双燃料燃烧器等；按燃烧器的燃烧控制方式，分为单段火燃烧器、双段火燃烧器、比例调节燃烧器等；按燃料雾化方式，分为机械式雾化燃烧器、介质雾化燃烧器等；按结构，分为整体式燃烧器以及分体式燃烧器等[4]。

在 SOFC 系统中，燃烧器的主要作用为燃烧一定的燃料，为燃料的预热和水蒸气重整、空气的预热和余热利用等提供热源[5]。系统热启动阶段，燃烧器燃料为浓度较高的甲烷，为重整器和气体预热提供必要的热能；系统运行发电阶段，大部分燃料在电堆中发电，此时燃烧器燃料为主要成分是 H_2O、CO_2，仅含少量 CH_4、H_2 和 CO 等的贫燃料，一般需要催化燃烧。另外，由于系统中电堆在发电时产生大量热量，需要大过量比的空气去冷却，因此，燃烧器往往需要适应较宽范围的空燃比。除了燃烧工况的不同，如何控制燃烧的稳定性、保证燃烧器出口温度的稳定也是其难点。

7.1.2 燃烧器结构与参数

尽管有多种不同的结构设计，但 SOFC 系统用燃烧器的一般结构如图 7-2 所示，采用类圆柱形结构，包括混合区、燃烧区、烟气扩散区、点火针和热电偶等。具体的尺寸大小和长径比等结构参数，则要根据系统中燃烧气体的组分、流速和火焰传播速度等，进行计算并实验测定[6]。除了常规的布局与结构，为了保证燃烧器出口温度的稳定，避免对电堆造成热冲击，在电堆空气出口侧（即燃烧器的空气入口）加入适量冷空气来进行调节，也是一种常用的结构设计。

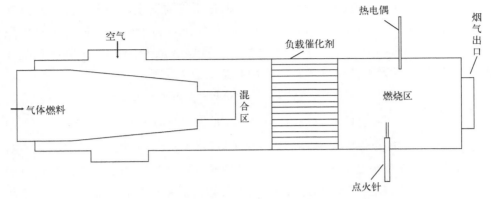

图 7-2　一种典型的 SOFC 燃烧器结构图

7.1.3　SOFC 系统中的燃烧器设计要点

与一般工业用燃烧器不同，SOFC 系统用燃烧器由于燃料的组成和流量等与电堆输出相关，因而情况更复杂、要求更多、控制更难。总体而言，对燃烧器有以下基本设计要求[7]。

① 燃烧效率高，即燃料在各个工况下都能够充分燃烧，减少 CO 和氮氧化物等有害气体的排放；

② 燃烧稳定和安全可靠，不发生熄火、回火和爆震等现象，以免造成对上游电堆和下游换热器的损伤；

③ 尺寸小、重量轻、结构简单，无论用于便携电源还是固定式发电系统，燃烧器都必须尺寸尽量小，结构紧凑并简单，以减少系统热损失，同时便于制造安装和后期的检修维护；

④ 气阻尽量小，由于系统中管路较长，并且使用了风机等空气部件，因此希望通过燃烧器的结构设计使得气阻尽量降低。

7.2
重整器

7.2.1　重整器类型与反应

重整器能够将进入系统的天然气、醇类、生物质气、油类等燃料转化为主要成分为 H_2、CO 和 CO_2 的合成气，从而使得 SOFC 常用的 Ni-YSZ 阳极材料能够在燃料气中长期稳定运行。根据其中催化反应的类型，一般可分为水蒸气重整型（steam reforming）、部分氧化重整型（partial oxidation）和自热重整型（autothermal reforming）[8]。不管哪种类型，重整反应器中都是一个复杂的多反应体系[9]。以天然气为例，其发生的重整反应如下所示：

$$CH_4 + H_2O \longrightarrow CO + 3H_2 (\Delta H = 206kJ \cdot mol^{-1}) \qquad (7-1)$$

$$CO + H_2O \longrightarrow CO_2 + H_2 (\Delta H = -41kJ \cdot mol^{-1}) \qquad (7-2)$$

$$CH_4 + 1/2O_2 \longrightarrow CO + 2H_2 (\Delta H = -274kJ \cdot mol^{-1}) \qquad (7-3)$$

水蒸气重整反应是强吸热反应［主要是反应式（7-1）和式（7-2）］，一般在负载型镍催化剂上进行，反应温度在500℃以上；部分氧化重整反应则恰恰相反，为强放热反应［主要是反应式（7-3）］，负载型铂-金属和镍基催化剂均可作为部分氧化重整的催化剂；自热重整反应则是以上二者的混合，通过少部分甲烷的氧化来为水蒸气重整反应提供热能，从而实现整个系统的自热[10]。不同的热行为决定了它们应用在系统中时完全不同的系统设计。水蒸气重整反应需要吸热，这决定了系统启动阶段必须在燃烧器中燃烧部分燃料，作为重整反应的热源；部分氧化重整反应放出的热，则可以促进系统的热启动，并且反应不需要水，比较适合需要快速启动和移动式的系统。发电系统运行阶段，电堆开始负载，水蒸气重整反应可以充分利用系统的废热进行重整，同时产氢量也更多，因此系统的发电效率相对于部分氧化重整型的发电系统要高。但另一方面，采用水蒸气重整的系统，需要对系统的水进行管理，以便实现系统的水自持，因此系统的复杂度更高。

由于SOFC的燃料适应性，其阳极能够容忍较高的CO含量而不会发生催化剂中毒现象，因此并不需要重整器的氢选择转化率特别高；同时，为了利用内重整反应（即在电池阳极上发生的甲烷和水的反应）来吸收电堆负载时放出的热，SOFC系统中通常留下10%～30%的甲烷来进行内重整，也不需要重整器的碳氢化合物转化率特别高[11]。因此与工业大型重整制氢装置的多段反应、工序复杂等相比，SOFC系统中的重整器设计要简单得多，但小型发电系统中的重整器设计和制造面临小型化、高稳定性等难题。

7.2.2　重整器结构与催化剂

重整器按其反应器结构类型一般可分为管式、板式和微通道式等。常见的管式又包括套管式和列管式等。无论哪种结构设计，其宗旨就是在将催化剂充分铺展的同时，使得反应器能够快速、有效地换热。

甲烷重整催化剂一般由活性组分、载体和助催化剂组成[12]。活性组分具有解离活化的作用，常用的包括贵金属基的 Pt、Pd、Rh 和 Ir 等，非贵金属基的 Ni、Fe 和 Co 等，还有一些过渡金属的碳化物和氮化物[13-14]。催化剂载体具有很好的热物性，不仅起着物理上的支撑和分散作用，而且能够和活性组分相互作用并影响其性能。载体一般选择 Al_2O_3、SiO_2、MgO、CaO、TiO_2 和 ZrO_2 等，除了材料组成本身，其它如比表面积、孔隙率、机械强度和热导率等物体特性也是重要的选择依据。为了提高催化剂对反应气体的吸附能力和抗积碳能力，常常加入适量的助催化剂，包括碱金属及碱土金属氧化物 K_2O、MgO、BaO 和稀土金属氧化物 CeO_2、La_2O_3 等[15-16]。

7.2.3 重整器参数与指标

重整转化率和氢选择转化率是反映重整器反应的重要指标。重整转化率是指参与转化反应的碳氢化合物的量占输入的碳氢化合物总量的比值；氢选择转化率是指反应生成的 H_2 占反应生成物的比值。

反应温度和水碳比（S/C）是水蒸气型重整器的重要技术参数，一般来说，反应温度越高，碳氢化合物燃料的转化率越高，重整产物中的氢气浓度也越高[17]；从热力学上计算，需要 3 以上的水碳比来保证 CH_4 等不会发生积碳、催化剂的衰减等，但较高的水碳比意味着重整产物中的水含量较高，使得燃料电池的开路电压降低的同时，也降低了气体在阳极微孔中的扩散速率，增大了极化电阻。因此需要根据系统的流程设计、电堆的操作窗口、电池的阳极材料等条件，来合理选择重整器工作参数。

反应温度和氧碳比（O_2/C）是部分氧化型重整器的重要技术参数，由反应式（7-3）可以看出，氧碳比一般在 0.5 附近调节，降低氧碳比，重整产物中的氢气和 CO 的选择转化率提高，但碳氢化合物燃料的转化率会有所降低。由于部分氧化反应是快速的强放热反应，容易出现局部过热点，导致催化剂的积碳、氧化和失效，因此需要通过合理的催化剂装填、结构设计和空速选择等控制反应器内部的工作温度。

催化剂寿命是决定重整器寿命和维护周期的重要参数，一旦催化剂失活或者完全失效，会对电堆的电化学性能产生致命影响。在研发阶段，必须对催化剂寿命和重整器出口组分随时间的变化等进行有效评估。

7.3
换热器

7.3.1 换热器概述与分类

换热器，是将热流体的部分热量传递给冷流体的设备，其中的流体包括气体和液体等[18]。换热器是化工、石油动力、食品等工业的通用设备，在生产中占有重要地位；在 SOFC 发电系统中，换热器同样具有极重要的作用。电堆工作所需燃料气、空气均需要进行预热，以使电堆达到所需工作温度，同时电堆尾气燃烧后的余热也需要利用起来，这些都需要换热器发挥作用[19]。

换热器种类很多，但根据冷、热流体热量交换的原理和方式，基本上可分为三大类，即：间壁式、混合式和蓄热式。在三类换热器中，间壁式换热器应用最多，SOFC 系统中也多采用这类换热器。按照传热面的形状和结构，间壁式换热器又可分为管式换热器、板式换热器和板翅式换热器等。

7.3.2 板翅式换热器

板翅式换热器由于其结构紧凑、轻巧和传热强度高等优点，成为 SOFC 发电系统中最常用的换热器结构形式。隔板、翅片及密封条三部分构成了板翅式换热器的基本结构单元[20]。冷、热流体在相邻基本单元体的流道中流动，通过翅片及与翅片连成一体的隔板进行热交换。翅片是板翅式换热器的最基本结构单元，按照其结构形状大致分为平直翅片、多孔翅片、锯齿形翅片和波纹翅片等，如图 7-3 所示。翅片表面的孔洞、缝隙和弯折等促使湍动，破坏热阻大的层流底层，因此特别适合与传热性能差的气体换热。但为了防止翅片两侧的气体串气，必须对众多的翅片进行有效的密封，而翅片本身复杂的形状也给密封带来了困难。目前最常用的密封技术是钎焊工艺，其工艺可靠性是决定 SOFC 用换热器良品率的关键。

在 SOFC 发电系统中，往往要求所设计的换热器结构紧凑、压阻较小，同时在接近 800～1000℃ 的高温环境中能够耐腐蚀，避免元素挥发对电堆产生毒化作用。目前常用的 SOFC 换热器用高温金属包括 2520 钢、INCONEIL 合金等，有效的涂层防护也是避免电堆 Cr 污染的方法之一。SiC 陶瓷由于其优异的热传导特性、抗热震性和化学稳定性，被研发用于 SOFC 系统用高温换热器[22]。

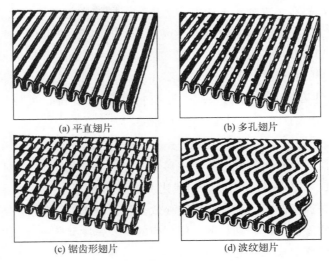

(a) 平直翅片　　　　　　　　　(b) 多孔翅片

(c) 锯齿形翅片　　　　　　　　(d) 波纹翅片

图 7-3　常用翅片类型[21]

重整器、换热器和燃烧器这三类重要 BOP 部件，虽然以上笔者是分开介绍，但由于其相互关联，往往需要进行综合设计并相互耦合。尤其在中小型 SOFC 发电系统中，三者加上电堆的一体式紧凑化设计，能够极大地缩短系统管路连接，并降低系统热损失。

7.4

脱硫器

城市管网天然气中，为了在发生泄漏爆炸或中毒前警示人们，通常会人为地在燃气中添加臭味剂，目前，国内乃至世界各地，使用的最普遍的臭味剂是四氢噻吩（THT）。在部分天然气气源中，尽管厂家已经脱硫，但仍然存在少量的 H_2S；在沼气和生物质气等燃料中，S 含量往往高达几百 mg/L。

燃料中所含的硫，会对重整器中的催化剂产生毒化作用；同时，含硫的燃料气进入 Ni-YSZ，会与 Ni 发生如下反应，从而导致阳极三相界面的减少和性能衰减[23]。实验发现，10ppm 含量的 H_2S 就可能造成 Ni-YSZ 阳极材料的持续衰减[24-25]。

$$H_2S(g) \Longleftrightarrow HS_{ads} + H(g/ads) \Longleftrightarrow S_{ads} + H_2(g/ads) \tag{7-4}$$

$$Ni + H_2S \Longleftrightarrow NiS + H_2 \tag{7-5}$$

$$3Ni + xH_2S \Longleftrightarrow Ni_3S_x + xH_2 \tag{7-6}$$

不仅如此，硫对于重整器中的催化剂也有同样的毒化作用。近年来的研究表明，受污染的空气中极其微量的硫也会对 SOFC 的阴极材料造成毒化。

因此，在 SOFC 发电系统中，天然气进入重整器之前，就必须通过脱硫器进行脱硫。常用的脱硫催化剂分为常温型和中温型两种。常温型如活性炭等，可对四氢噻吩加臭味剂等进行脱除；中温型主要是 ZnO 等，反应温度为 200～400℃。一般在进入重整反应器之前进行脱硫反应[26]。

$$H_2S + ZnO \longrightarrow ZnS + H_2O \qquad (7\text{-}7)$$

简单的长筒状是常用的脱硫器结构形状，中间填充催化剂，催化剂的装填量和堆积密度是比较重要的设计参数。催化剂的装填量直接决定了系统的维护周期，因此需要根据气源中的硫含量和脱除效率来合理选择，同时在结构设计上也要拆装方便以便于催化剂的再装填。催化剂的堆积密度要与催化剂的颗粒度相匹配，不能给燃料侧造成太大的气阻。

7.5
泵与风机

泵与风机是燃料电池系统中物料供应的重要部件，通过它们，大量的燃料和空气以一定的压强进入系统。泵用于压力比较大的情况，从能耗角度考虑比较适合大功率系统；风机仅限于压力变化比较小的情况，只有在空气运动处于开放的环境中才能使用[27]。常用的泵包括叶片泵、膜片泵等类型；而风机则包括轴向鼓风机和离心式鼓风机等。

泵与风机的参数包括体积与重量、风量与压强、功率与效率、耐久性与使用寿命等。降低系统 BOP 部件的能耗是提高系统效率的关键措施。泵或风机是 BOP 部件中单体耗电最大的，从图 7-4 一种典型的 SOFC 用风机特性参数可以看出，当风机的风量提高时，不仅气体压强下降明显，其消耗功率也有大幅提升。因此除了风机等本身的效率外，研究者往往通过对电堆的气体流道结构和系统中的气体管路进行优化设计[28]，降低系统气阻，以减小泵或风机的能耗。

为了提高系统产品的发电效率，设计者常常将电堆的部分尾气进入重整器进行循环，以提高燃料利用率[29]。高温用燃气循环泵由于使用温度高、需要完全密封并且材料选择比较难，成为研发的难点；同时从系统控制的角度看，如何对尾气成分进行定量并和系统燃料输入量进行协同也是一大难点。

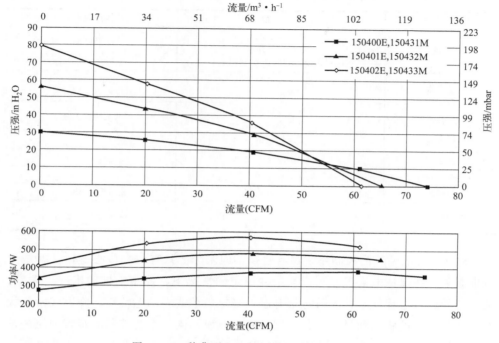

图 7-4 一种典型 SOFC 用风机的特性参数图

1mbar＝100Pa；1in H_2O＝249.082Pa

7.6
SOFC 发电系统控制子系统

　　SOFC 电堆模块是整个发电系统的核心，但同样需要各个子系统能够协调、稳定工作，为电堆提供良好的工作环境，从而高效输出电能和热能。因此，SOFC 发电系统的控制子系统，其核心功能是对电堆及 BOP 核心参数的数据采集与实时显示，通过对工作环境的监测与控制来保证电堆的稳定输出。

　　表 7-1 为控制系统中电堆及重要 BOP 部件的核心参数与动作控制等的需求，根据该需求来构建控制系统的硬件组成及上位机软件的基本架构。SOFC 发电系统的控制子系统主要作用，是对电堆和重要的 BOP 部件进行状态监测（必要时记录数据备查）；控制流体输送装置和热管理，为电堆工作提供必要的热工环境和反应物质；对电堆的功率输出进行控制、减小负载冲击；在部件或电堆故障时，启动保护程序，控制系统可控降温，保证系统安全。

表 7-1　控制系统中电堆及重要 BOP 部件的核心参数与动作控制需求

部件名称	监测参数	动作控制需求
电堆	进出口温度 进出口气体压强 电堆电流、电压、燃料利用率	电堆的升降温速率 电堆的功率输出控制
燃烧器	核心燃烧区温度 空燃比	空燃比调节 燃烧器点火器开关
重整器	重整反应区温度 重整水碳比	水泵转速控制
脱硫器	脱硫器温度	
换热器	冷、热媒的进出口温度	
质量流量控制器	天然气流量的设定值与实际值	
鼓风机	电堆的空气流量	鼓风机输入电压
热回收单元	系统尾气的进出口温度 输出热水的温度	输入冷水的流速

　　SOFC 发电系统的控制系统尽管复杂，但实际上只有一个核心逻辑，就是为电堆服务，在保证电堆工作环境与条件稳定的情况下，控制电堆输出一定功率。就系统的运行过程而言，大致包括升温、稳定负载或者动态负载、降温或紧急状态等几种不同的状态和过程，其控制思路也有所不同。系统控制的步骤和流程条件，总结如图 7-5 所示。通过该控制思路与逻辑，将电堆从室温可控地升温至运

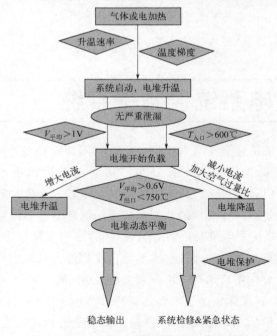

图 7-5　SOFC 发电系统控制的基本逻辑图

行温度，电堆开始负载后，通过对流量（燃料利用率）、温度和空气过量比等参数的控制，使电堆达到动态平衡，提供稳定的电力和热的输出，并在负载变动时即时调整 BOP 工作状态，以满足电堆的动态响应。

7.7
SOFC 发电系统设计与集成的一般步骤

尽管 SOFC 发电系统有不同类型和用途，具体结构和部件也有差异，但其设计和开发流程大致相同[30]，如图 7-6 所示。①根据系统的应用场景和电堆操作窗口（包括电堆工作温度区间、耐受的温度梯度、热循环和升降温速率限制、负载的速率和限制条件等）的要求，对系统的基本技术要求进行定义，如重整器的类型（水蒸气重整或部分氧化重整）、燃烧器类型、是否需要燃料的循环、电堆构型（是否空气开放）、系统的启动速度要求等；为满足最后的产品需求，在最初设计的时候就必须考虑安全与排放的各项认证标准。②根据系统的基本定义需求，进行系统的流程设计，同时结合系统启动和运行的控制策略对系统流程的物料和能量进行核算，对流程进行仿真计算，根据计算和仿真结果对系统流程进行优化[31]。③根据计算结果对各 BOP 部件进行部件的结构设计或选型，并对 BOP 部件进行独立测试。④根据系统流程设计优化的结构，结合各 BOP 部件和电堆的实际尺寸等，进行系统的三维布局设计，绘制系统布局图，同时进行控制系统和电气线路的设计（包括硬件、软件架构等）。⑤系统部件的硬件集成（包括系统台架、BOP、电堆和管路连接、控制面板及电气接线等）。⑥控制软件的

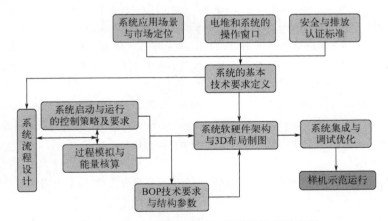

图 7-6　SOFC 发电系统的一般设计流程示意图

编写及系统的调试，对系统的启动和负载状态、BOP 运行情况和稳定性等进行测试和优化。⑦在系统自主运行的基础上，进行发电系统的示范运行，考察实际使用环境的状态，进行故障状态收集等。

参考文献

[1] Zhao H，Jiang T，Hou H. Performance analysis of the SOFC-CCHP system based on H_2O/Li-Br absorption refrigeration cycle fueled by coke oven gas [J]. Energy, 2015，91: 983-993.

[2] Lanzini A，Santarelli M，Gandiglio M，et al. Design and Balance-of-Plant of a Demonstration Plant With a Solid Oxide Fuel Cell Fed by Biogas From Waste-Water and Exhaust Carbon Recycling for Algae Growth. ASME 2013 11th International Conference on Fuel Cell Science，Engineering and Technology [J]. Journal of Fuel Cell Science & Technology, 2014，11 (3): 031003.

[3] Winter R L，Singh P，King M K，et al. Protective Ceramic Coatings for Solid Oxide Fuel Cell (SOFC) Balance-of-Plant Components [J]. Advances in Materials Science & Engineering，2018 (1): 1-17.

[4] 徐旭常，吕俊复，张海.燃烧理论与燃烧设备 [M].北京：科学出版社，2012.

[5] Kupecki J，Badyda K. SOFC-based micro-CHP system as an example of efficient power generation unit [J]. Archives of Thermodynamics，2011，32 (3): 33-43.

[6] 李猷嘉.煤气燃烧器 [M].北京：中国工业出版社，1966.

[7] Piroonlerkgul P，Assabumrungrat S，Laosiripojana N，et al. Selection of appropriate fuel processor for biogas-fuelled SOFC system [J]. Chemical Engineering Journal，2008，140 (1-3): 341-351.

[8] Rostrupnielsen J R，Aasbergpetersen K. Steam reforming，ATR，partial oxidation: Catalysts and reaction engineering [M]. John Wiley & Sons Ltd，2003.

[9] Zhang H，Weng S，Ming S. Compact Heat Exchange Reformer Used for High Temperature Fuel Cell Systems [J]. Journal of Power Sources，2008，183 (1): 282-294.

[10] 姜洪涛，华炜，计建炳.甲烷重整制合成气镍催化剂积炭研究 [J].化学进展，2013，025 (5): 859-868.

[11] Dokmaingam P，Irvine J T S，Assabumrungrat S，et al. Modeling of IT-SOFC with indirect internal reforming operation fueled by methane: Effect of oxygen adding as autothermal reforming [J]. International Journal of Hydrogen Energy，2010，35 (24): 13271-13279.

[12] 孙杰，孙春文，李吉刚，等.甲烷水蒸气重整反应研究进展 [J].中国工程科学，2013 (2): 98-106.

[13] Rezaei M，Alavi s M，Sahebdelfar S，et al. Syngas Production by Methane Reforming with Carbon Dioxide on Noble Metal Catalysts [J]. Journal of Energy Chemistry，2006，

15 (4): 327-334.

[14] Choudhary T V, Choudhary V R. Energy-Efficient Syngas Production through Catalytic Oxy-Methane Reforming Reactions [J]. Angewandte Chemie International Edition, 2008, 47 (10): 1828-1847.

[15] Zhu X, Wang H, Wei Y, et al. Hydrogen and syngas production from two-step steam reforming of methane over CeO_2-Fe_2O_3 oxygen carrier [J]. Journal of Rare Earths, 2010, 28 (6): 907-913.

[16] Gadalla A M, Sommer M E. ChemInform Abstract: Synthesis and Characterization of Catalysts in the System Al_2O_3-MgO-NiO-Ni for Methane Reforming with CO_2 [J]. Cheminform, 2010, 72 (4): 683-687.

[17] 王锋, 李隆键, 辛明道, 陈清华. 甲醇-水蒸汽重整制氢反应器新进展 [J]. 电力与能源, 2007, 28: 325-329.

[18] 朱聘冠. 换热器原理及计算 [M]. 北京: 清华大学出版社, 1987.

[19] Oosterkamp P F V D. Critical issues in heat transfer for fuel cell systems [J]. Energy Conversion & Management, 2006, 47 (20): 3552-3561.

[20] Howard H E, Jibb R J. Plate-fin heat exchanger [P]: US 8376035B2, 2013.

[21] 史美中, 王中铮. 热交换器原理与设计 [M]. 4 版. 南京: 东南大学出版社, 2009.

[22] Wang Z, Skybakmoen E, Grande T. Thermal Conductivity of Porous Si_3N_4-Bonded SiC Sidewall Materials in Aluminum Electrolysis Cells [J]. Journal of the American Ceramic Society, 2012, 95 (2): 730-738.

[23] Rasmussen J F B, Hagen A. The effect of H_2S on the performance of Ni-YSZ anodes in solid oxide fuel cells [J]. Journal of Power Sources, 2009, 191 (2): 534-541.

[24] Sasaki K, Susuki K, Iyoshi A, et al. H_2S Poisoning of Solid Oxide Fuel Cells [J]. Chinese Journal of Radio Science, 2006, 153 (11): A2023-A2029.

[25] Bashyam R, Zelenay P. A class of non-precious metal composite catalysts for fuel cells [J]. Nature, 2006, 443 (7107): 63-66.

[26] Park N K, Han G B, Yoon S H, et al. Preparation and absorption properties of ZnO nanostructures for cleanup of H_2S contained gas [J]. International Journal of Precision Engineering and Manufacturing, 2010, 11 (2): 321-325.

[27] Milewski J, Miller A, Mozer E. The Application of μ-Fan Instead of the Ejector in Tubular SOFC Module [C]. ASME Turbo Expo, 2006.

[28] Chen D, Xu Y, Tade M O, et al. General Regulation of Air Flow Distribution Characteristics within Planar Solid Oxide Fuel Cell Stacks [J]. Acs Energy Letters, 2017, 2 (2): 319-326.

[29] Takezawa S, Wakahara K, Araki T, et al. Cycle analysis using exhaust heat of SOFC and turbine combined cycle by absorption chiller [J]. Electrical Engineering in Japan, 2009, 167 (1): 49-55.

［30］　Rechberger J，Schauperl R，Hansen J B G，et al. Development of a Methanol SOFC APU Demonstration System ［J］. ECS Transactions，2009，25（2）：1085-1092.

［31］　Mueller F，Brouwer J，Jabbari F，et al. Dynamic Simulation of an Integrated Solid Oxide Fuel Cell System Including Current-Based Fuel Flow Control ［J］. Journal of Fuel Cell Science & Technology，2006，3（2）：25-29.

第 8 章

固体氧化物燃料电池数值模拟

8.1
引言

固体氧化物燃料电池工作温度高、结构复杂，采用实验方法研究电池内部复杂的物理、化学过程受到很多限制[1]。而数值模拟法不仅可以获得电池详细的性能数据和内部参数分布，方便对电池内部物理规律进行研究[2]；还具有成本低、速度快等优点[3]，因此被大量地应用于固体氧化物燃料电池的优化设计和机理研究。

数值模拟法在固体氧化物燃料电池中的应用主要可以分为两个方面：一方面是对 SOFC 设计和运行的优化，另一方面是对 SOFC 内部机理和规律的研究。在第一方面中，由于数值模拟法具有数据充实、成本低、速度快等优点，可以大大降低固体氧化物燃料电池的制造成本和时间，因此被大量地应用于单电池、电堆和发电系统的设计[4]；此外燃料电池系统在运行过程中可测量得到的物理参数有限，通过合理的数值建模，可以很好地建立这些物理参数与电池内部复杂物理过程之间的联系，从而便于电池运行分析和优化。针对这一方面的研究，主要是建立可靠的、计算速度快的数值模型[5]。

当前在第二方面的研究工作较多，这些工作大致可以分为两类：一类是电池参数的数值分析，包括几何参数[6]、操作参数[7] 等，通过系统的参数分析可以得到电池内部物理、化学过程的影响规律，加深对电池内部复杂过程的理解，为电池设计、运行和现象分析建立基础；另一类是揭示电池内部的特殊规律[8]，通过耦合实验结果和理论分析，可以得到电池内部特殊现象的深层物理机理和规律，揭示电池内部新的物理机理，同时建立新的物理方程或修正与补充现有物理方程，增加数值模型的可靠性和稳定性。

本章将首先介绍固体氧化物燃料电池数值建模的基础知识，然后分别介绍氧化铈基电解质 SOFC 漏电电流方面和电极微观结构模型方面的一些研究工作。

8.2
固体氧化物燃料电池数值建模基础

数值建模是将实际物理现象抽象、简化后，采用数学方程进行描述和研究的过程，固体氧化物燃料电池数值建模也就是对电池中的各种物理、化学过程进行抽象、简化后，采用数学方程进行描述的过程。

固体氧化物燃料电池数值建模一般可分五步展开。

① 对 SOFC 内物理、化学过程进行分析和简化。首先，数值建模的前提是对物理、化学现象的分析和认识，只有对 SOFC 内复杂物理、化学过程有较为清晰的认识和详细的分析以后，才能提炼出拟研究的关键物理、化学过程；其次，当前并不存在通用的 SOFC 数值模型，需要针对所研究的核心问题选择或建立相应的数值模型，这需要对所研究问题进行深入的分析；最后，当前对 SOFC 内复杂物理、化学过程的认识还有限，已有的物理、化学方程均有不同的假设和适用条件，同时受限于计算资源、人力和时间等，需要针对所研究问题对 SOFC 内部物理、化学过程进行合理简化，以建立合适的数值模型。

② 基于物理、化学过程建立数值模型方程体系。数值模型方程体系是数值模型的核心，其建立主要是针对核心物理、化学过程引用已有的物理方程，或对已有方程进行补充修正，或建立新的模型方程，从而得到一套描述所研究物理、化学过程的封闭方程体系。

③ 确定合适的边界条件。边界条件可保证数值模型解的唯一性，因此必须根据所研究问题选择正确、合理的边界条件，这样才能得到可靠的结果。同时合理的边界条件还能增加模型的鲁棒性和求解速度。

④ 选择合适的求解方法。不同的求解方法一般不会改变模型的结果，但有可能对模型稳定性有影响。此外不同的求解方法所需要的求解时间、计算量也不同。

⑤ 结果的验证。数值模型的实验验证可以保证结果的正确性和可靠性，同时也可以间接证明数值模拟研究结果的可靠性和适用性。

8.2.1 物理问题的分析和几何模型的选择

固体氧化物燃料电池的模型有很多，不同的模型所关注的物理过程也不尽相同，本章限于篇幅将只介绍关于电池输出性能的建模。

基于固体氧化物燃料电池的工作原理可知，电池内关键物理化学过程主要有气体的流动、反应物与生成物的传输、化学反应与电化学反应、电荷产生与传输、热量的生成与传输等过程[9]，这些过程与其速率决定电池的输出性能，因此建模时需要详细分析这些物理过程。

此外，固体氧化物燃料电池存在多种结构设计形式，在研究时还需要选择合适的结构形式和研究区域。常见的 SOFC 结构形式有管式[10] 和平板式[11]，如图 8-1 和图 8-2 所示。

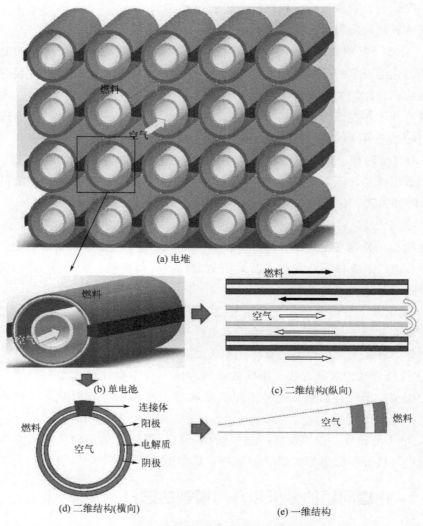

(a) 电堆

(b) 单电池

(c) 二维结构(纵向)

连接体
阳极
电解质
阴极

(d) 二维结构(横向)

(e) 一维结构

图 8-1　管式固体氧化物燃料电池几何结构图

　　由图可知，通常 SOFC 电堆为模块化集成结构，即由许多单电池组成。如果是针对 SOFC 电堆建模，其几何结构一般是如图 8-1（a）和图 8-2（a）所示的三维结构，不过需要注意的是该结构只考虑了电堆活化反应区域，对于完整的电堆来说还有气体分配结构、密封结构、温控结构等其它附属结构[12]，这就需要根据具体研究的问题来建立合适的几何模型。

　　一般针对 SOFC 工作特性的研究，可以选择单个流道的 SOFC 特征单元作为研究对象［如图 8-1（b）和图 8-2（b）所示］，这样不仅可以降低模型的复杂程度，减小计算量，还可建立更加精细的模型，以深入研究电池内部过程[13]。

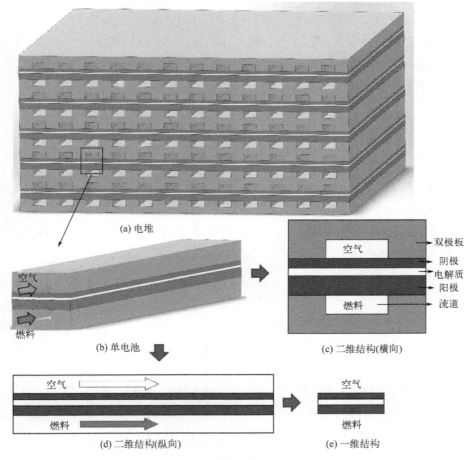

图 8-2 平板式固体氧化物燃料电池几何结构图

图 8-1 和图 8-2 中所示的 SOFC 特征单元为三维结构，如果研究问题主要关注流动和物质沿流动方向分布等特性时，可以将该三维结构简化成如图 8-1（c）和图 8-2（d）所示的二维结构；同样如果研究问题主要关注物质等沿垂直于电解质方向的分布，或流场板筋条的影响时，也可简化成如图 8-1（d）和图 8-2（c）所示的二维结构；如果可忽略气体的流动等因素时，也可将模型简化为如图 8-1（e）和图 8-2（e）所示的一维结构。

8.2.2　常用的控制方程

固体氧化物燃料电池内主要存在气体流动、组分扩散、热量传输和电化学反应与化学反应等过程，针对这些物理、化学过程选择合适的控制方程，就可建立

SOFC 数值模型的方程体系。

(1) 动量守恒方程和连续性方程

SOFC 中的工作压力一般不高，将气体假设为不可压缩或弱可压缩，因此气体在气体通道中的流动可采用传统 CFD（计算流体力学）的 N-S 方程来描述，即动量守恒方程和连续性方程：

$$\frac{\partial}{\partial t}(\rho \boldsymbol{u}) + \rho(\boldsymbol{u} \cdot \nabla)\boldsymbol{u} = -\nabla p + \mu_{\text{eff}} \nabla^2 \boldsymbol{u} + S_{\text{v}} \tag{8-1}$$

$$\frac{\partial \rho}{\partial t} + \nabla \cdot (\rho \boldsymbol{u}) = S_{\text{m}} \tag{8-2}$$

式中，μ_{eff} 为气体有效黏度；S_{v} 和 S_{m} 分别为动量方程和连续性方程的源项，在气体通道中一般均为 0。

SOFC 的电极一般为多孔介质，气体的流速非常小，因此可采用达西渗流方程或 Brinkman 方程来求解，即：

$$\frac{\partial p}{\partial x_i} = -K_i u_i \tag{8-3}$$

$$\nabla p = \mu \cdot \nabla^2 u + \frac{\mu}{K} u \tag{8-4}$$

式中，K 为渗流系数。也可采用由孔隙率修正的动量方程：

$$\frac{\partial}{\partial t}(\varepsilon \rho \boldsymbol{u}) + (\varepsilon \rho \boldsymbol{u} \cdot \boldsymbol{u}) = -\varepsilon \nabla p + \nabla \cdot (\varepsilon \mu_{\text{eff}} \nabla \boldsymbol{u}) - \frac{\varepsilon^2 \mu_{\text{eff}} \boldsymbol{u}}{K} \tag{8-5}$$

(2) 组分守恒方程

固体氧化物燃料电池内的组分传输可采用组分对流扩散方程来描述：

$$\varepsilon \frac{\partial}{\partial t}(\rho y_i) + \nabla(\rho y_i \boldsymbol{u}) = -\nabla N_i + S_i \tag{8-6}$$

式中，扩散通量 N_i 可分别有三个常用的模型来描述，分别为[14]：

a. 菲克模型（Fick model）：

$$N_i = -\frac{D_i^{\text{eff}}}{RT} \nabla(y_i P) \tag{8-7}$$

式中，D_i^{eff} 为有效扩散系数，在多孔电极内一般要考虑努森扩散（Knudsen diffusion）的影响。

b. 尘埃-气模型（Dusty-gas model）：

$$\frac{N_i}{D_{i,k}^{\text{eff}}} + \sum_{j=1, j \neq i}^{n} \frac{y_j N_i - y_i N_j}{D_{ij}^{\text{eff}}} = -\frac{P}{RT} \nabla y_i \tag{8-8}$$

c. Stefan-Maxell 方程：

$$\sum_{j=1, j \neq i}^{n} \frac{y_j N_i - y_i N_j}{D_{ij}^{\text{eff}}} = -\frac{P}{RT} \nabla y_i \tag{8-9}$$

（3）能量守恒方程

描述固体氧化物燃料电池内部温度分布可采用能量守恒方程：

$$(\rho c_p)_{\text{eff}} \frac{\partial T}{\partial t} + (\rho c_p)_{\text{eff}} \boldsymbol{u} \cdot \nabla T = \nabla \cdot (k_{\text{eff}} \nabla T) + Q_h^e + Q_h^j \tag{8-10}$$

式中，Q_h^e 和 Q_h^j 分别为电化学反应生成或消耗的热量和电荷传输产生的热量。

（4）电荷守恒方程

固体氧化物燃料电池中，电荷在电极、集流体和电解质内的传输主要由静电势驱动，因此这部分的电荷传输可采用欧姆定律来描述：

$$\nabla \cdot (\sigma_e \nabla \varphi_e) = S_j \tag{8-11}$$

$$\nabla \cdot (\sigma_o \nabla \varphi_o) = S_j \tag{8-12}$$

式中，φ_e 和 φ_o 分别为电子导体相和离子导体相中的静电势；S_j 为电化学反应中的电荷生成率，在集流体、气体扩散层和电解质内均为 0，在电极活化区域内取决于电化学反应。

（5）电化学反应方程

在多孔电极内，电化学反应通常仅仅发生在三相线处（即气体相、导电子相和导离子相的交汇处）。三相线处电流产生/消耗的速率（j_{TPB}）可以通过 Butler-Volmer 方程描述：

$$j_{\text{TPB}} = j_0^0 \left[\frac{c_R^*}{c_R^{0*}} \exp\left(\frac{\alpha n F}{RT} \eta_{\text{act}}\right) - \frac{c_P^*}{c_P^{0*}} \exp\left(\frac{-(1-\alpha)nF}{RT} \eta_{\text{act}}\right) \right] \tag{8-13}$$

式中，j_0^0 为交换电流密度；c_R^* 和 c_P^* 为 TPB 处反应物和生成物的浓度；c_R^{0*} 和 c_P^{0*} 为反应物和生成物的参比浓度；α 为传输系数；η 为活化过电势。活化过电势表示实际电子导体相和离子导体相间电势与理论电势之差，即：

$$\eta_{\text{act}} = E_{\text{rev}} - |\varphi_e - \varphi_o| \tag{8-14}$$

8.2.3 常用的边界条件

上述方程构成了数值模型的方程体系，但这些模型的求解依赖于方程的边界条件，因此必须为每个方程确定合适的边界条件，下面介绍一些常用的边界条件[15]。

（1）动量守恒方程边界条件

动量守恒方程一般需要给定进出口条件。对于进口条件一般给定进口速度或流量，出口条件一般给定出口压力。气体通道壁面一般采用不可滑移壁面。

（2）组分守恒方程边界条件

组分守恒方程一般也需要给定进出口条件，对于进口条件需要给定各个组分的浓度或质量分数，出口条件一般为无回流条件，壁面边界条件一般设置通量为0。如果电化学反应假设发生在电极与电解质界面时，电极壁面需要依据反应速度设置组分的通量。如果气体发生重整反应等化学反应时，还需要依据化学反应设置组分守恒方程的源项。

（3）能量守恒方程边界条件

能量守恒方程的进口条件一般为给定进口气体的温度，出口条件一般为无回流条件。电池的外边界需要设置电池与环境换热的边界条件，对于单电池的外边界条件通常有绝热边界条件和等温边界条件（即给定温度），根据实际情况也有周期性边界条件和给定换热量等其它条件。此外，还需要根据电化学反应和电流传输给出相应的源项。

（4）电荷守恒方程边界条件

电荷守恒方程和其它方程不同，其求解区域为固体和多孔介质区域。电荷守恒方程首先需要设置接地点，即电势为0的点或面，一般设置阳极集流体最外侧面电势为0；同时还需要给定另一侧的边界条件，一般设置阴极集流体最外侧面的电势为电池工作电压，需要注意的是如果只知道电池的平均输出电流密度时，一般需要先假设一工作电压，然后将计算得到的平均电流密度与给定值进行比较，再修正工作电压。电池的其它壁面一般设置为绝缘。

8.2.4　数值模型的求解与验证

由上述模型方程体系可知，模型中待求解的变量主要有：速度 u、质量分数 y、温度 T、电势 φ 和反应电流 j，这些未知量均是相互耦合的，因此需要一起求解。不过这些方程中电化学反应方程为显式表达式，可直接求解，质量分数 y、温度 T 和电势 φ 均为标量，容易采用数值方法求解；速度 u 为矢量且动量方程为二阶非线性方程，求解比较复杂，因此在模型求解方法的选择时应首先考虑动量方程的求解，一般采用传统的 CFD 方法求解（如 SIMPLE 算法等），其它方程耦合到 CFD 方法中一起求解。如果选用商业软件求解时，一般选用相应的CFD 数值计算软件[16]。

数值模型计算结果的正确性需要相应的实验验证。针对不同的研究问题需要相应的实验数据来验证，但由于 SOFC 实验比较难以开展，一般 SOFC 数值模型的验证采用与电池输出性能曲线比较和拟合的方法。但这种验证方法在使用时一定要谨慎，因为 SOFC 的性能曲线一般为近似直线，很容易拟合，所以与性能曲线一致并不能证明模型的结果一定正确，还需要针对具体研究问题来分析。

8.3
氧化铈基电解质 SOFC 漏电规律的数值模拟研究

氧化铈基电解质在中低温时具有较高的电导率（$0.0112S \cdot cm^{-1}$ @ $600℃^{[17]}$），可将电池工作温度降到 $600℃$ 左右，从而可大幅降低电池的制造成本。但氧化铈基电解质在燃料电池环境下会产生内部电子漏电，降低电池的开路电压和工作效率，因此研究氧化铈基电解质 SOFC 的漏电规律，对抑制电池内部漏电、提高其工作效率非常重要。

氧化铈基电解质 SOFC 漏电发生在电解质内部，实验表征十分困难，因此文献中一般采用数值模拟方法研究其漏电机理和规律。本课题组也在氧化铈基电解质 SOFC 的建模上做了一些工作，下面进行简要介绍。

8.3.1 氧化铈基电解质 SOFC 内部漏电机理

氧化铈基电解质在燃料电池工作环境下会产生电子漏电的主要原因是：在低氧分压下，Ce^{4+} 会还原为 $Ce^{3+[18-19]}$，从而产生电子电导。其反应方程可表示为：

$$O_O^{\times} + e_{C_e}^{\times} \Longleftrightarrow 2e'_{Ce} + \frac{1}{2}O_2 + V_O^{-} \tag{8-15}$$

$$k = [e'_{Ce}]^2 [V_O^{-}] p_{O_2}^{1/2} \tag{8-16}$$

式中，k 为反应平衡常数，与反应温度有关；$[e'_{Ce}]$ 为由于 Ce 被还原产生的自由电子浓度；$[V_O^{-}]$ 为氧空位浓度。由导体电导率定义可知，氧化铈基电解质的电子电导率为：

$$\sigma_e = \mu_e q [e'_{Ce}] \tag{8-17}$$

式中，μ_e 为电子的迁移率；q 为电子电荷量。把式（8-16）代入上式可得：

$$\sigma_e = \mu_e q \sqrt{\frac{k}{[V_O^{-}]}} \cdot p_{O_2}^{-1/4} \tag{8-18}$$

应用于 SOFC 中的氧化铈基电解质，其离子电导率（或氧空位浓度）主要取决于掺杂浓度。铈离子在低氧分压下只有很少一部分被还原，其产生的氧空位浓度远远小于掺杂引起的氧空位浓度，因此一般可假设氧空位浓度与氧分压无关，即只与掺杂浓度有关，则式（8-18）可简化为：

$$\sigma_e = \sigma_e^0 p_{O_2}^{-1/4} \tag{8-19}$$

式中，σ_e^0 为与温度有关的电子电导率系数。实际应用中，由于铈离子的还原等因素，电子电导率与氧分压并不是严格一1/4 次方的关系，需要通过具体实验来测定。

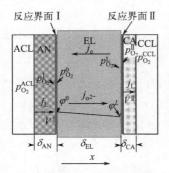

图 8-3 氧化铈基电解质 SOFC
内部电荷传输示意图

当氧化铈基电解质应用于 SOFC 时，由于其具有一定的电子电导，部分阳极生成的电子会通过电解质直接漏电到阴极，如图 8-3 所示。此时氧离子在伽伐尼势的驱动下由阴极传输到阳极，而部分电子则由阳极经电解质漏到阴极。忽略反应界面双电层的影响，电荷在电解质中的传输过程可用电荷传输方程（Nernst-Planck equation）描述：

$$J_i(x) = -D_i \frac{\partial c_i(x)}{\partial x} - \frac{\sigma_i(x)}{z_i q} \times \frac{\partial \varphi}{\partial x} \tag{8-20}$$

式中，J_i 为电子或氧离子传输通量；c_i 为电子或氧离子浓度；φ 为静电势。上式的物理意义是电荷在浓度梯度和电势梯度驱动下在电解质内传输，由于电荷浓度和静电势均为未知量，因此求解上式还需要两个补充方程，一般为电荷守恒方程和泊松方程：

$$\frac{\partial J_i(x)}{\partial x} = 0 \tag{8-21}$$

$$-\varepsilon_r \varepsilon_0 \frac{\partial^2 \varphi}{\partial x^2} = \sum_i z_i q c_i \tag{8-22}$$

由于泊松方程为二阶非线性方程，难以给出解析解，文献中的一般做法是将泊松方程简化。一种简化方法是假设方程右侧项为 0，即认为电解质处于电中性；另一种简化方法是认为电解质离子电导率只取决于掺杂浓度，即离子电导率不变假设。基于这两种假设均可以得到电子电流和氧离子电流的显式表达式，具体可参考文献 [20-22]。

8.3.2 氧化铈基电解质 SOFC 一维极化模型

基于电荷传输方程，可得氧化铈基电解质内电子电流和氧离子电流的表达式，但由电荷传输方程和图 8-3 可知，电子电流和氧离子电流取决于电解质内的电荷浓度梯度和电势梯度，而电解质内的电荷浓度梯度和电势梯度与电极内的电化学反应有关，因此需要建立电化学反应与电解质边界电荷浓度和静电势等关系，从而将电极电化学反应过程与电荷传输过程耦合，建立完整的氧化铈基电解质 SOFC 极化模型。

由于对电极反应认识的局限性，当前并没有合适的方程来描述这一过程，因此建立氧化铈基电解质 SOFC 一维极化模型的关键，是建立电极反应与电解质内电荷浓度和电势之间的关系。在这一方面 Duncan 和 Wachsman 基于 Butler-Volmer 方程建立了一个电极反应界面平衡方程，基于这一方程和电荷传输方程与电中性假设，建立了一个一维连续模型[23]。

本课题组基于电池内能量守恒，并忽略电池浓差损失，得到：

$$j_{O^{2-}} E_{Th} = j_L V + j_{O^{2-}} \eta_{act} + j_{O^{2-}} \eta_{ohm}^{O^{2-}} + j_e \eta_{ohm}^e \tag{8-23}$$

式中，j_L、$j_{O^{2-}}$ 和 j_e 分别为输出电流密度、氧离子电流密度和电子电流密度；E_{Th} 为能斯特电势；$\eta_{ohm}^{O^{2-}}$ 和 η_{ohm}^e 分别为氧离子传输和电子传输引起的欧姆损失。

由电荷传输方程可知，氧离子和电子的传输方程为：

$$j_{O^{2-}} = \sigma_{O^{2-}} \frac{RT}{2Fc_{O^{2-}}} \times \frac{\partial c_{O^{2-}}}{\partial x} - \sigma_{O^{2-}} \frac{\partial \varphi}{\partial x} \tag{8-24}$$

$$j_e = \sigma_e \frac{RT}{Fc_e} \times \frac{\partial c_e}{\partial x} - \sigma_e \frac{\partial \varphi}{\partial x} \tag{8-25}$$

由离子电导率不变假设可知，氧化铈基电解质的氧空位浓度为常数，即：$\partial c_{O^{2-}} / \partial x = 0$，则氧离子电流可简化为：

$$j_{O^{2-}} = -\sigma_{O^{2-}} \frac{\partial \varphi}{\partial x} \tag{8-26}$$

由上式可知电解质内电势梯度与氧离子电流方向正好相反。由图 8-3 可知在 SOFC 中电子传输方向与氧离子电流方向相反，即与电势梯度相同，因此电子在电解质内的传输主要驱动力为电子浓度梯度，而静电势梯度对其有一定抑制作用。

将式（8-24）和式（8-25）联立，可得电子电流与氧离子电流的关系式为[24]：

$$\frac{j_{O^{2-}}}{\sigma_{O^{2-}}} - \frac{j_e}{\sigma_e} = \frac{RT}{4F} \times \frac{\partial (\ln p_{O_2})}{\partial x} \tag{8-27}$$

将电子电导率表达式［式（8-19）］代入上式，并在电解质整个厚度［0，L］内积分可得：

$$j_e = \frac{j_{O^{2-}}}{\sigma_{O^{2-}}} \times \frac{\sigma_e^0}{M_0 - 1} [M_0 (p_{O_2}^0)^{-1/4} - (p_{O_2}^L)^{-1/4}] \tag{8-28}$$

式中，参数 M_0 为：

$$M_0 = \exp\left[-\frac{F}{RT} \times \frac{j_{O^{2-}}}{\sigma_{O^{2-}}} L\right] \tag{8-29}$$

若在 $[0, x]$ 内积分，则可得氧分压的表达式为：

$$\left[p_{O_2}(x)\right]^{-1/4} = \left[(p_{O_2}^0)^{-1/4} - A_0\right] \exp\left(-\frac{F}{RT} \times \frac{j_{O^{2-}}}{\sigma_{O^{2-}}} x\right) + A_0 \tag{8-30}$$

式中，参数 A_0 为：

$$A_0 = \frac{j_e}{j_{O^{2-}}} \times \frac{\sigma_{O^{2-}}}{\sigma_e^0} \tag{8-31}$$

将氧离子电流和电子电流表达式［式（8-26）和式（8-28）］代入公式（8-23）可得表达式（具体过程可参考文献［17］）：

$$\frac{RT}{4F} \ln \frac{p_{O_2}^L}{p_{O_2}^0} = V - \Delta\varphi \tag{8-32}$$

通过分析上式也可建立如下关系式[25]：

$$\frac{RT}{4F} \ln \frac{p_{O_2}^{II}}{p_{O_2}^L} = \eta_{ca}, \quad \frac{RT}{4F} \ln \frac{p_{O_2}^0}{p_{O_2}^I} = \eta_{an} \tag{8-33}$$

式中，η_{ca} 和 η_{an} 分别为阴极活化过电势和阳极活化过电势，可通过 Butler-Volmer 方程求解。通过式（8-32）或式（8-33）就可以建立电解质｜电极界面上氧分压变化与活化过电势的关系，进而可求解电子电流方程式（8-28）和氧分压方程式（8-30）。

综合方程式（8-26）、式（8-28）、式（8-30）、式（8-33）和 Butler-Volmer 方程，就可以建立氧化铈基电解质 SOFC 的一维极化模型。

对于一维极化模型的验证，本课题组采用与实验性能曲线拟合的方法。验证实验选用电解质支撑的纽扣电池，电解质选用氧化钐掺杂的氧化铈（$Sm_{0.2}Ce_{0.8}O_{3-\delta}$，SDC），阳极为 Ni＋SDC 复合阳极，阴极材料选用氧化锶掺杂的钴酸钐（$Sm_{0.5}Sr_{0.5}CoO_{3-\delta}$，SSC）。电解质采用干压法制备，然后将电极浆料分别涂在电解质两侧，制备直径约 10mm 的电极。数值模拟中采用的 SDC 电导率数据见表 8-1。实验与模拟结果如图 8-4 所示。

表 8-1　数值计算中采用的 SDC 电导率数据[17]

温度 /℃	500	600	700
SDC 离子电导率 / S·cm^{-1}	0.0037	0.0112	0.0332
SDC 电子电导率系数 / S·cm^{-1}	6.15×10^{-10}	1.96×10^{-8}	2.77×10^{-7}

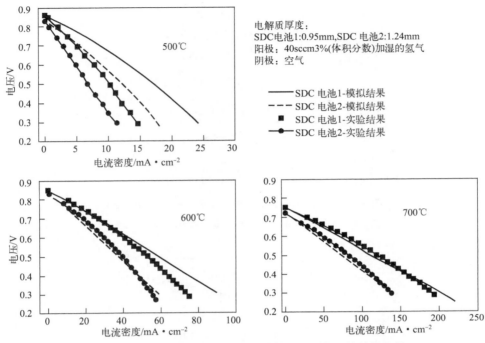

图 8-4　氧化铈基 SOFC 一维极化模型结果与实验结果的比较

通过比较实验结果与数值模拟结果可知，在 600℃ 和 700℃ 时，本模型结果与实验结果吻合较好，而在 500℃ 时偏差较大，不过在低电流密度区域（也就是活化极化区域），本模型可以很好地反映出氧化铈基 SOFC 的特征，即随着电流密度的降低，电池电压并没有如 YSZ 电解质 SOFC 那样迅速升高，这说明本模型可以很好地模拟漏电电流对电池性能的影响。

图 8-5～图 8-7 为应用该模型分析氧化铈基 SOFC 开路电压和开路时漏电电流与电解质电子电导率系数、电解质厚度和阴极性能的关系。由图中可知，电池的开路电压会随电解质电子电导率系数降低、电解质厚度增加和阴极交换电流密度增大而升高，其中电子电导率系数降低和电解质厚度增加会增大电子在电解质内的传输阻力；而阴极交换电流密度对开路电压的影响主要是其降低了阴极活化损失。通过分析开路时的漏电电流同样可以发现，漏电电流会随电子电导率系数降低和电解质厚度增加而降低，但在阴极交换电流密度变化时基本保持不变，其原因主要是电极性能并不会改变电子在电解质内的传输规律。电子电流公式 [式 (8-28)] 也表明，电子电流只取决于电解质的性质和两侧氧分压，而与电极性能无关，因此改变电极性能虽然可以改变电池的开路电压，但并不会改变电池内的漏电电流，这一结论也说明仅根据电池的开路电压来判断氧化铈基电解质 SOFC 内部漏电电流的大小，并不合理。

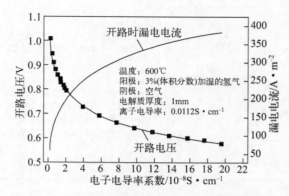

图 8-5　氧化铈基 SOFC 开路电压和开路时漏电电流
随电解质电子电导率系数的变化曲线

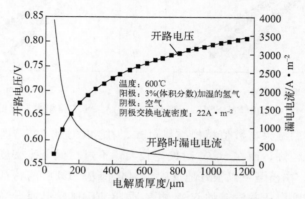

图 8-6　氧化铈基 SOFC 开路电压和开路时漏电电流
随电解质厚度的变化曲线

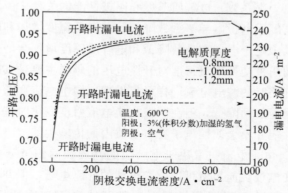

图 8-7　氧化铈基 SOFC 开路电压和开路时漏电电流
随阴极性能的变化规律

图 8-8 为不同阴极性能时，电池电子漏电电流与操作电压的关系曲线。由该图可知电池的电子漏电电流随操作电压降低会迅速降低，在操作电压偏离开路电压一定值后，电子漏电电流可忽略不计。此外，在不同阴极性能时，某个操作电压下的漏电电流会略有不同，这主要还是因为改变阴极性能会改变电池的开路电压。

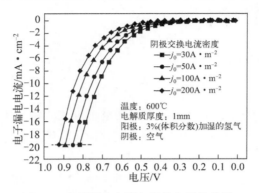

图 8-8　电子漏电电流与操作电压的关系

图 8-9 为氧化铈基电解质内氧分压的分布曲线，由该曲线可知电解质内氧分压从阳极到阴极逐渐增加，在靠近阴极侧时迅速升高。改变电池操作电压会改变氧分压的分布曲线斜率，理论上电池短路时，氧分压分布曲线应为一固定斜率的直线。

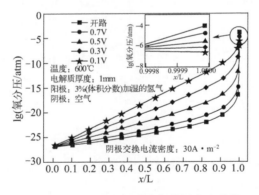

图 8-9　氧化铈基电解质内氧分压分布曲线

$1atm = 1.01325 \times 10^5 Pa$

8.3.3　氧化铈基电解质 SOFC 二维数值模型

上述氧化铈基电解质 SOFC 一维极化模型，可以方便地对电池漏电规律进行分析，但一维模型难以得到电池内部参数二维分布特征，尤其是组分和电流沿流动方向的分布特征，因此需要建立相应的二维数值模型[26]。上述一维极化模型难以直接拓展到二维，这是因为电子电流公式［式（8-28）］为一维显式表达式，由该表达式难以拓展得到电子电流的二维表达式，这也是二维漏电电流数值模型建立的难点。

一个可行的方法是由电荷传输方程重新推导出二维的电子电流方程，因为电荷传输方程有其二维表达式，即：

$$\boldsymbol{j}_{\mathrm{O^{2-}}} = \frac{\sigma_{\mathrm{O^{2-}}}}{2F}\nabla\mu_{\mathrm{O^{2-}}} - \sigma_{\mathrm{O^{2-}}}\nabla\varphi \tag{8-34}$$

$$\boldsymbol{j}_{\mathrm{e}} = \frac{\sigma_{\mathrm{e}}}{F}\nabla\mu_{\mathrm{e}} - \sigma_{\mathrm{e}}\nabla\varphi \tag{8-35}$$

式中，$\boldsymbol{j}_{\mathrm{O^{2-}}}$ 和 $\boldsymbol{j}_{\mathrm{e}}$ 分别为氧离子电流和电子电流二维矢量。由离子电导率不变假设可知氧离子化学势梯度为 0，并将式（8-34）代入电荷连续性方程可得：

$$\nabla(\sigma_{\mathrm{O^{2-}}}\nabla\varphi) = 0 \tag{8-36}$$

上式与传统固体氧化物燃料电池中的电荷传输方程一致。

对于电子电流，将式（8-34）和式（8-35）联立，可得到氧离子电流和电子电流的关系式为：

$$\frac{\boldsymbol{j}_{\mathrm{O^{2-}}}}{\sigma_{\mathrm{O^{2-}}}} - \frac{\boldsymbol{j}_{\mathrm{e}}}{\sigma_{\mathrm{e}}} = \frac{1}{4F}\nabla\mu_{\mathrm{O_2}} \tag{8-37}$$

将电子电导率关系式［式（8-19）］代入上式，并整理可得电子电流的表达式为：

$$\boldsymbol{j}_{\mathrm{e}} = \sigma_{\mathrm{e}}^0(p_{\mathrm{O_2}})^{-1/m}\left\{\frac{\boldsymbol{j}_{\mathrm{O^{2-}}}}{\sigma_{\mathrm{O^{2-}}}} + \frac{mRT}{4F}\nabla\left[\ln(p_{\mathrm{O_2}}^{-1/m})\right]\right\} \tag{8-38}$$

式中，m 一般为 4。

定义：$\psi = (p_{\mathrm{O_2}})^{-1/m}$，则上式可变为：

$$\boldsymbol{j}_{\mathrm{e}} = \sigma_{\mathrm{e}}^0\psi\left(\nabla\varphi + \frac{mRT}{4F}\times\frac{1}{\psi}\nabla\psi\right) \tag{8-39}$$

式中，参数 ψ 和电势 φ 均为标量，当这些量已知时，可代入上式求得二维电子电流分布。将上式代入电荷连续性方程可得：

$$\frac{\sigma_{\mathrm{e}}^0}{\sigma_{\mathrm{O^{2-}}}}\boldsymbol{j}_{\mathrm{O^{2-}}}\cdot\nabla\psi = -\nabla\left(\sigma_{\mathrm{e}}^0\frac{mRT}{4F}\nabla\psi\right) \tag{8-40}$$

上式为一个关于参数 ψ 的偏微分方程，若把氧离子电流矢量看作速度矢量 $\boldsymbol{u}$ 时，上式近似为"对流-扩散方程"，当氧离子电流已知时，上式可以通过数值方法求解。

式（8-39）和式（8-40）构成了电子电流的二维传输子模型，同时由氧离子电流方程式（8-36）可知，氧离子电流的传输并未与电子电流传输相耦合，因此氧离子电流可以与第一节介绍的 CFD 模型等一起耦合求解，当氧离子电流求得后，代入电子电流子模型中，就可以得到电子电流和氧分压分布。

综合常规 SOFC 数值模型和上述建立的电子电流二维子模型，就可以建立氧化铈基电解质 SOFC 二维数值模型，依据这一模型可以方便地得到电子电流的二维分布，如图 8-10 所示。由图可知电解质内垂直于电解质方向的电子电流远大于平行于电解质的侧向电子电流。具体该模型的求解、验证和应用可参考文献 [27]。

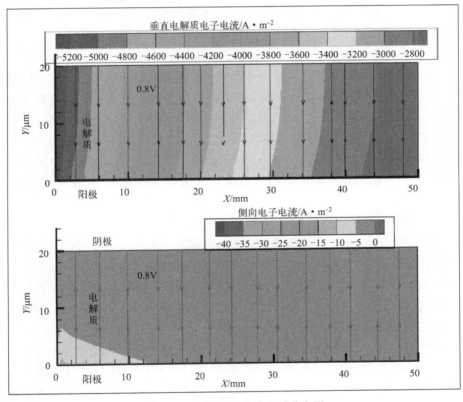

图 8-10　电解质内二维电子分布图

8.4
电极微观尺寸建模研究

多孔电极是燃料电池的重要组成部件。燃料电池工作过程中，多孔电极不仅能够提供气体、离子和电子的传输通道，同时还具备一定的机械支撑作用。多孔电极的微观结构参数（颗粒尺寸分布、孔隙率、曲折因子等）对电极性能有着重要的影响[28]。

8.4.1 多孔电极微结构构建

理想条件下，通常假设多孔电极由球形颗粒堆积而成。实际多孔电极微结构则是基于所构建的球形颗粒堆积结构，通过几何膨胀模拟电极烧结而形成的。以下介绍一种基于球形颗粒随机堆积构建多孔电极微结构的方法，具体实施过程基于 MATLAB 实现。

（1）构建三维零矩阵并确定计算区域

理想条件下，矩阵的大小取决于电极尺寸和像素精度。通常，要求球形颗粒直径长度应包含 10 个以上的像素单元以保证模拟精度。电极尺寸与像素精度共同决定计算区域，进而影响计算量。因此，为避免计算量过大和节省计算资源，通常仅选用多孔电极局部区域作为典型计算单元。同时，为保证选用的典型单元能够充分反映真实的电极结构，该典型单元的尺寸不可过小。比如，计算复合电极有效电导率/离子电导率时，典型单元最小尺寸应为球形颗粒直径的 10～15 倍。

（2）确定球形颗粒位置

球形颗粒位置从所有可选点中随机产生。球形颗粒的可选点按照最低位置法则确定，即从所有能够放置球形颗粒的空间点中，选择高度方向位置最低的一系列点作为候选点。需要指出的是，由于采用最低位置法则确定球形颗粒位置，所构建的多孔电极在高度方向的连通性会略大于其它两个方向。

（3）生成球形颗粒

将所选择的空间点作为球形颗粒的圆心，依据球形颗粒半径尺寸，将颗粒所覆盖的点更改为非零常数，生成球形颗粒并标记其特性（该步骤可采用 MAT-LAB 的内置函数 imdilate 实现）。对于单相电极，由于电极中仅包含一类电极颗粒，因此，用来标记电极实体区域的非零常数可为任意数；然而，对于双相复合电极，由于电极中包含两类电极颗粒，因此，通常选用正数标记电极中的某一相颗粒，而采用负数标记电极中的另一相颗粒。采用以上方法构建的球形颗粒堆积结构孔隙率大约为 0.4（孔隙率的定义为固体颗粒像素个数与区域内总像素数量的百分比）。

（4）模拟烧结过程

根据预设的颗粒间接触角大小以及球形颗粒中所包含的像素个数，计算需要膨胀的像素位，将球形颗粒进行原位膨胀，模拟多孔电极烧结过程。比如，当球形颗粒直径长度为 20 个像素时，将球形颗粒体积膨胀 1.1 倍（即半径方向膨胀

1个像素位），相邻球形颗粒间的接触角为34°。此外，在多孔电极的实际制备过程中，通常通过加入造孔剂控制多孔电极的孔隙率。然而，在模拟过程中，通常采用随机删除一定量的固体颗粒来控制多孔电极的孔隙率。

8.4.2 多孔电极有效性质参数计算

基于所构建的多孔电极，可进行多孔电极有效性质参数计算，如曲折因子、有效电导率/离子电导率以及三相线等。曲折因子与气体在多孔电极孔隙中（气相）的传输有关，有效电导率/离子电导率则与电子/离子在多孔电极导电子/离子相颗粒中的传导有关，因此，三者的计算方法类似，可以通过在传导相中求解稳态传输方程得到。下面以双相复合电极中的有效电导率（σ_{eff}）计算为例。

基于所构建的双相复合电极微结构，在多孔电极导电子相和整体计算区域内分别求解稳态电荷守恒方程式（8-41），可分别获得多孔电极中的有效电流 j_{eff}，以及整体计算区域充满同类导电材料时的电流 j_0。计算过程中所需的边界条件如图 8-11 所示。基于式（8-42），结合多孔电极中导电子相颗粒材料的本征电导率 σ_0，即可求得有效电导率 σ_{eff}。

$$j_i = \sigma_i \nabla \varphi , i = 0 \text{ 或 eff} \qquad (8\text{-}41)$$

$$\frac{\sigma_{\text{eff}}}{\sigma_0} = \frac{j_{\text{eff}}}{j_0} \qquad (8\text{-}42)$$

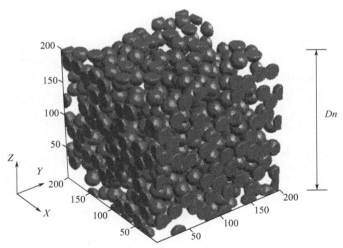

图 8-11 复合电极有效电导率计算区域示意图

边界条件：晶面 $Z=0$，$\varphi=0$；晶面 $Z=Dn$，$\varphi=0$；其它晶面 $\nabla\varphi=0$

此外，一个烧结后性能良好的多孔电极，电极内必然包含完整的气相、导离子相和导电子相的传输网络（图 8-11 即为双相复合电极中的导电子相传输网络）。只有隶属于传输网络的导电子/离子颗粒才是有效电极颗粒，才能够在电极工作过程中发挥传输作用。通常采用渗流概率（P_{erco}）表征多孔电极中某相的颗粒隶属于其传输网络的比例。该参数可基于协调数理论和渗流理论采用理论模型计算，也可基于所构建的多孔电极微结构直接算出，方法如下。

基于所构建的电极微结构，在 MATLAB 中采用内置函数 bwlabeln 可获得隶属于 i 相渗流网络的像素数量（$N_{i,perco}$）。$N_{i,perco}$ 与计算区域中所有 i 相颗粒所占据的像素数量（N_i）之比，即为 i 相颗粒的渗流概率，即：

$$P_{erco} = \frac{N_{i,perco}}{N_i} \tag{8-43}$$

目前，综合考虑电极的长期稳定性和性能等多方面因素，工程上较为常用的是双相复合电极。在双相复合电极中，电化学反应仅仅发生在三相线（即导电子相、导离子相和气相的交界线）处。基于所构建的双相复合电极微结构，确定导电子相颗粒、导离子相颗粒与气相共享的像素边，统计计算区域内总的边长，除以计算区域总体积即可得到单位体积三相线长度。

具体应用上述模型对 SOFC 电极有效电导率的研究可参见文献 [29]。

参考文献

[1] Shi Y，Cai N，Li C，et al. Modeling of an anode-supported Ni-YSZ｜Ni-ScSZ｜ScSZ｜LSM-ScSZ multiple layers SOFC cell：Part Ⅰ. Experiments，model development and validation [J]. Journal of Power Sources，2007，172 (1)：235-245.

[2] Kakac S，Pramuanjaroenkij A，Zhou X Y. A review of numerical modeling of solid oxide fuel cells [J]. International Journal of Hydrogen Energy，2007，32 (7)：761-786.

[3] Hajimolana S A，Hussain M A，Daud W M A W，et al. Mathematical modeling of solid oxide fuel cells：A review [J]. Renewable & Sustainable Energy Reviews，2011，15 (4)：1893-1917.

[4] Bao C，Wang Y，Feng D，et al. Macroscopic modeling of solid oxide fuel cell（SOFC）and model-based control of SOFC and gas turbine hybrid system [J]. Progress in Energy and Combustion Science，2018，66：83-140.

[5] Wang K，Hissel D，Pera M C，et al. A Review on solid oxide fuel cell models [J]. International Journal of Hydrogen Energy，2011，36 (12)：7212-7228.

[6] Kong W，Li J，Liu S，et al. The influence of interconnect ribs on the performance of planar solid oxide fuel cell and formulae for optimal rib sizes [J]. Journal of Power Sources，2012，204 (15)：106-115.

[7] Ni M. The effect of electrolyte type on performance of solid oxide fuel cells running on hydrocarbon fuels [J]. International Journal of Hydrogen Energy, 2013, 38 (6): 2846-2858.

[8] Liu S, Kong W, Lin Z. Three-dimensional modeling of planar solid oxide fuel cells and the rib design optimization [J]. Journal of Power Sources, 2009, 194 (2): 854-863.

[9] Grew K N, Chiu W K S. A review of modeling and simulation techniques across the length scales for the solid oxide fuel cell [J]. Journal of Power Sources, 2012, 199 (1): 1-13.

[10] Lawlor V, Griesser S, Buchinger G, et al. Review of the micro-tubular solid oxide fuel cell: Part Ⅰ. Stack design issues and research activities [J]. Journal of Power Sources, 2009, 193 (2): 387-399.

[11] Lin B, Shi Y, Ni M, et al. Numerical investigation on impacts on fuel velocity distribution nonuniformity among solid oxide fuel cell unit channels [J]. International Journal of Hydrogen Energy, 2015, 40 (7): 3035-3047.

[12] Timurkutluk B, Timurkutluk C, Mat M D, et al. A review on cell/stack designs for high performance solid oxide fuel cells [J]. Renewable and Sustainable Energy Reviews, 2016, 56 (28): 1101-1121.

[13] Liu S, Song C, Lin Z. The effects of the interconnect rib contact resistance on the performance of planar solid oxide fuel cell stack and the rib design optimization [J]. Journal of Power Sources, 2008, 183 (1): 214-225.

[14] Suwanwarangkul R, Croiset E, Fowler M W, et al. Performance comparison of Fick's, dusty-gas and Stefan-Maxwell models to predict the concentration overpotential of a SOFC anode [J]. Journal of Power Sources, 2003, 122 (1): 9-18.

[15] Jeon D H. A comprehensive CFD model of anode-supported solid oxide fuel cells [J]. Electrochimica Acta, 2009, 54 (10): 2727-2736.

[16] Li A, Song C, Lin Z. A multiphysics fully coupled modeling tool for the design and operation analysis of planar solid oxide fuel cell stacks [J]. Applied Energy, 2017, 190 (15): 1234-1244.

[17] Shen S, Yang Y, Guo L, et al. A polarization model for a solid oxide fuel cell with a mixed ionic and electronic conductor as electrolyte [J]. J Power Sources, 2014, 256: 43-51.

[18] Yokokawa H, Suzuki M, Yoda M, et al. Achievements of NEDO Durability Projects on SOFC Stacks in the Light of Physicochemical Mechanisms [J]. Fuel Cells, 2019, 19 (4): 311-339.

[19] Yokokawa H, Hori Y, Shigehisa T, et al. Recent Achievements of NEDO Durability Project with an Emphasis on Correlation Between Cathode Overpotential and Ohmic Loss [J]. Fuel Cells, 2017, 17 (4): 473-497.

[20] Singh R, Jacob K T. Solution of transport equations in a mixed conductor—a generic ap-

proach [J]. International Journal of Engineering Science, 2004, 42 (15-16): 1587-1602.

[21] Yuan S, Pal U. Analytic Solution for Charge Transport and Chemical-Potential Variation in Single-Layer and Multilayer Devices of Different Mixed-Conducting Oxides [J]. Journal of the Electrochemical Society, 1996, 143 (10): 3214-3222.

[22] Riess I. Current-voltage relation and charge distribution in mixed ionic electronic solid conductors [J]. Journal of Physics and Chemistry of Solids, 1986, 47 (2): 129-138.

[23] Duncan K L, Wachsman E D. Continuum-Level Analytical Model for Solid Oxide Fuel Cells with Mixed Conducting Electrolytes [J]. Journal of the Electrochemical Society, 2009, 156 (9): B1030.

[24] Shen S, Guo L, Liu H. An analytical model for solid oxide fuel cells with bi-layer electrolyte [J]. International Journal of Hydrogen Energy, 2013, 38 (4): 1967-1975.

[25] Shen S, Ni M. 2D segment model for a solid oxide fuel cell with a mixed ionic and electronic conductor as electrolyte [J]. International Journal of Hydrogen Energy, 2015, 40 (15): 5160-5168.

[26] Shen S, Guo L, Liu H. A polarization model for solid oxide fuel cells with a Bi-layer electrolyte [J]. International Journal of Hydrogen Energy, 2016, 41 (5): 3646-3654.

[27] Shen S, Kuang Y, Zheng K, et al. A 2D model for solid oxide fuel cell with a mixed ionic and electronic conducting electrolyte [J]. Solid State Ionics, 2018, 315: 44-51.

[28] Jiang S P. Development of lanthanum strontium cobalt ferrite perovskite electrodes of solid oxide fuel cells——A review [J]. International Journal of Hydrogen Energy, 2019, 44 (14): 7448-7493.

[29] Zheng K, Ni M. Reconstruction of solid oxide fuel cell electrode microstructure and analysis of its effective conductivity [J]. Science Bulletin, 2016, 61 (1): 78-85.

第 9 章

燃料电池的逆运行——电解池

9.1
引言

就能量的形态而言，电能属于最高级的能量，因为电能可以完全转化为热能（焦耳热）而不引起其它变化，反过来热能却不能在没有其它代价的情况下完全转化为电能。但是，电能也有不同的形式，其应用价值不同，价格也不同。比如雷电，到目前为止人类还没有掌握其应用方法，防雷不当还可能造成灾害；静电也是如此。工商业用电和居民用电的价格不同，峰谷电价不同，固定电源和移动电源的电价不同，容易上网的火电和不能上网的可再生能源电力的电价也不相同。近年来，随着我国大规模推广可再生能源（风、光、水）发电，且占比越来越大，而火电的占比持续下降，发电技术正在逐步走向低碳化的可持续发展道路。然而，由于可再生能源的季节性、昼夜差异、地域分布等原因，相当规模（大于三峡电站发电量）的电能不能上网，或者上网没人用，成为所谓的"垃圾电力"，造成了大量的"三弃"（弃风、弃光、弃水）现象，严重制约了可再生能源发电技术的推广[1]。储能已经成为必须解决的瓶颈问题，但传统的储能方式如抽水发电受到地域限制，压缩空气储能还未商业化，电池储能存在安全隐患，且很难大容量、长周期储能。

9.2
水电解制氢

将上述富余的可再生能源电力转化为氢能是近年来重要的发展方向[2-4]。与蓄电池或者液流电池的"电力储存"不同，氢能是"能量储存"[5-6]。蓄电池和液流电池的共同特点是有一个容量限制，当达到一定的容量以后，必须放电，使用掉所储存的电力后，才能再次利用其储存空间。这就决定了蓄电池不可能长期储能，或者说蓄电池的长期储能没有经济性。但是，利用电解水制氢却没有这种限制[7-8]。氢能的需求随着氢能燃料电池汽车的逐渐推广，将迎来一个空前的发展时期。氢能可以有多种用途，没有必要一定要回归到电力[9]，因此传统蓄电池的电力储存效率概念对于氢能来讲并不构成大的限制。即便是在燃料电池汽车中氢能还是以电的形式工作[10]，但此电已非彼电，其价值实现了飞跃。

在化学上，电解水是燃料电池发电的逆过程，因此原则上各种燃料电池都可能逆转为电解池[11]。目前最重要的有碱性电解池（使用 KOH 溶液作为电解质）、固态高分子膜电解质（SPE，使用质子交换膜作为电解质）和固体氧化物电解池（SOEC，使用固体氧化物作为电解质）。

在热力学上，化学反应 $H_2O \Longrightarrow H_2 + 0.5O_2$ 的吉布斯自由能变化 ΔG 是一个正值，这就意味着该反应不会自动发生。但是如果外界提供的电能大于该 ΔG，则是可能发生的。电解生成的 H_2 的燃烧热为 ΔH，由于 $\Delta H = \Delta G + T\Delta S$，而化学反应 $H_2O \Longrightarrow H_2 + 0.5O_2$ 的熵变大于零，所以 ΔH 的值一定大于 ΔG 的值。也就是说所得氢气的燃烧热可以大于输入的电能的能量，单纯从能量的量来讲，效率可以大于 100%，这在热力学上讲并不奇怪。因为输入的电能是高级能量，全是有效能，而氢气的燃烧热是低一级的能量，其有效能不可能大于 ΔG，也就是说有效能的效率不可能超过 100%。事实上，由于电解过程需要克服电极上的过电位，以及电解质的电阻，所以实际需要的电能远大于 ΔG，甚至大于 ΔH。所以即便是单纯从能量的量来讲，实际的效率（ΔH/电解能耗）通常也小于 100%。公式 $\Delta H = \Delta G + T\Delta S$ 也可以变形为 $\Delta G = \Delta H - T\Delta S$，随着温度 T 越来越高，ΔG 将越来越小，意味着电解池的开路电压越来越小，电解所需的理论电耗越来越少。这就说明高温电解从能耗的角度看是有利的。

在动力学方面，电极的过电位中最重要的部分是电化学极化，其对应着克服电化学反应的活化能所需要的能量。随着温度的升高，克服活化能越来越容易，因此电化学极化越来越小，所以消耗的电能也越来越少。基于热力学和动力学的考量，高温电解都是有利的。这就可以解释为什么常温电解水（碱性电解池）实际电压高达 1.8～2.0 V，而高温电解水蒸气（SOEC）实际电压只需约 1.3 V。

表 9-1 比较了几种电解池的能耗，由表可见 SOEC 是效率最高的电解水制氢技术[12]。高温电解在材料和技术上难度较大[13-14]，目前尚未商业化，但其无疑是一个重要的发展方向。

表 9-1 三种电解制氢技术的比较

项目	碱水电解 （Alkali）	纯水电解 （SPE）	高温蒸汽电解 （SOEC）
电解质/隔膜	30%KOH/石棉膜	纯水+质子交换膜	固体氧化物（YSZ 等）
电流密度/A·cm^{-2}	1～2	1～2	0.4～1.0
工作效率/kW·h·(m^{3}H$_2$)$^{-1}$	4.5～5.5	约 4.0	约 3.0
工作温度/℃	≤90	≤80	600～800
产氢纯度	≥99.8%	≥99.99%	≥99.99%
产业化程度	充分产业化	特殊应用,商业化起步	尚待开展
单机规模	1000	200	70(可能)
成本	1000 元·(m^{3}H$_2$·h)$^{-1}$ 约 2000 元·kW^{-1} 装机	碱性电解的 2～3 倍	碱性电解的 3～4 倍

SOEC 和 SOFC 技术相比较，其单电池的制备工艺完全相同，电堆的设计、组装和管理基本相同，系统的设计和控制也有很多类似的地方（热管理、电管理），因此 SOEC 和 SOFC 技术犹如孪生兄弟，完全可以根据市场的需求而择优发展[15]。在日本、欧洲、美国等国家，由于对热能的需求比较强烈、天然气相对便宜、电价相对较贵，所以 SOFC 有比较明确的市场，得到了优先发展。在中国，由于天然气大量进口，价格较贵，而电价以煤电为基础定价，相对便宜，因此开发以天然气为燃料的 SOFC 的市场前景并不乐观。与此相反，大量"三弃"电力的储能需求和氢能燃料电池汽车的持续发展，为 SOEC 提供了广阔的市场空间。所以优先发展 SOEC 应该成为中国相关技术开发[16-17]的重点。

9.3
二氧化碳/水共电解

电解水制氢需要解决的一个重要问题是氢气的储运问题[18]。氢气有最高的质量能量密度，但是体积非常庞大。目前，氢能燃料电池电动汽车采用的储氢罐压强高达 $35\sim70$ MPa，需要特殊的材料和强力的压缩技术[19]。液态储氢的压强更高，深冷能耗巨大。即便是储氢金属储氢也需要几个到十几个大气压的压强。这个压强对于 SOEC 是非常困难的，因为高温的密封技术主要建立在玻璃陶瓷的软化变形基础上，耐压能力差。

基于上述原因，人们想到了利用 CO_2 与水蒸气的共电解[20-22]，产生的 CO 和 H_2 的混合气体被称为合成气[23]，其在碳化学中是重要的原料气，可以进一步合成甲醇、甲烷，甚至液体燃料[24]。相对于氢气的储运难度而言，甲醇、甲烷或者液体燃料是非常容易储运的，由此可以解决储运的问题。

当然，CO_2 与水蒸气的共电解目前还是一个前沿探索领域[25-27]，其中的反应机理还不是非常明确。一般认为水蒸气的反应活性远大于 CO_2[28]，因此 H_2O（g）将优先电解生成 H_2，H_2 在气相中可与 CO_2 发生变换反应生成 CO 和 H_2O（g）。这样 H_2O（g）起一个接力和"二传手"的作用，从而实现 CO_2 的电解。当然，也不能完全排除 CO_2 直接发生电化学还原的可能性。详细研究其电极反应的机理是一个理论问题[26,29]，就实践而言，重要的是 CO_2 与水蒸气共电解生成合成气，并进一步生成碳氢化合物是完全可能的。电极方面应该考虑 CO_2 的引入带来的电极稳定性问题[30-31]，比如在强还原气氛下可能的积碳问题[32]，或者 CO_2 与某些强碱性活性电极材料反应生成碳酸盐的问题等。

CO_2 与水蒸气共电解引申出来的一个重要概念是碳循环。在化石燃料大量使用之前,人类使用的燃料是薪柴,属于生物质能,燃烧后的 CO_2 释放到空气中,经过植物的光合作用转化为生物质,自然形成一个循环(建立在光合作用基础之上)。但是化石燃料的大量使用造成大量的 CO_2 排放,以及颗粒物、SO_2、NO_x 等的排放,导致大气污染和极端天气。低碳经济和可持续发展已经成为今后的主题,化石燃料的占比将持续下降,并可能会从能源的主流地位退为化工原料的主流地位。甚至当可再生能源占比成为主导之后,利用 CO_2 与水蒸气的共电解生产化学品,实现新技术条件下的碳循环经济(建立在光电转化和风能、水能利用基础之上)。当然,为此我们还需要付出不懈的努力。

9.4
电解与甲烷化的耦合

我国是一个煤炭相对丰富、缺油少气的国家,而且地区的发展很不平衡,西部是能源产地而东部发达地区是能源消费地。在这样的背景下,西气东输工程建设,超高压输电线建设,西部煤制油、煤制气项目建设应运而生,对经济建设起到了重要的支撑作用。当然,也不可否认建立在传统煤气化技术基础上的煤制气项目消耗了大量的水和煤炭,同时排放了大量 CO_2 等废弃物,其环境因素成为技术推广的重要限制。实际上,由于我国的可再生能源电力也主要分布在西部,如果能够大力发展 SOEC 技术,将可再生能源电力的储能制氢与煤气化制甲烷技术相整合[33],必将显著减少煤炭消耗和废弃物排放,带来巨大的经济效益。

传统的煤气化制甲烷的工艺如图 9-1 所示,原料煤与蒸汽和氧气一起进行气化,生成的煤气中含有 H_2、CO 等燃料成分。经过水蒸气变换可以将 CO 转化为 H_2 和 CO_2,从而提高 H_2 的浓度,多余的 CO_2 预先排放。调整比例后的燃料气经降温后甲烷化而得到天然气。该传统方法以大量工艺水的消耗和 CO_2 排放为特征,存在明显的环境问题。

整合 SOEC 后的工艺如图 9-2 所示,其中所需的大量氢气来自可再生能源电力,通过 SOEC 生成,所以可显著降低 CO_2 排放。另外,SOEC 副产的氧气可以在煤气化过程中得到利用,实现效率的最大化。该工艺过程以节能、环保为特征,同时可以储存可再生能源的电力。

下面对两种工艺进行简单的比较。

传统工艺:制取每千立方米煤制天然气所排放的二氧化碳约为 4.5~5t,若直接排放,每年将新增大量二氧化碳。生产 $1000m^3$ 合成天然气需要 6~10t 水,

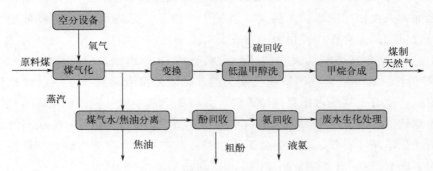

图 9-1 传统的煤气化及甲烷化工艺[34]

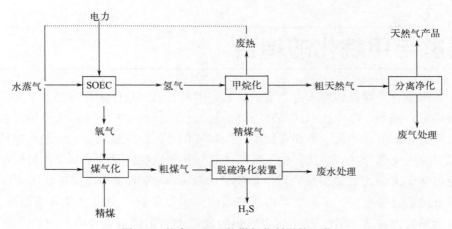

图 9-2 整合 SOEC 的煤气化制甲烷工艺

而我国七成以上通过审批的煤制气项目都在水资源紧张的西部地区运行,干旱的西部负担不起煤制气项目对水的巨大需求。据美国大平原公司的经验介绍,煤制天然气规模只要在 20 亿 $m^3 \cdot a^{-1}$ 以上,$1m^3$ 天然气的煤炭消耗可控制在 4kg 以内,这已经是比较好的水平。

整合 SOEC 的工艺:总反应为

$$C_n H_m + x H_2 O \Longrightarrow y CH_4 + z CO_2$$

式中,$y+z=n$;$4y=m+2x$;$2z=x$。解之得到:$x=n-m/4$;$y=0.5n+m/8$;$z=0.5n-m/8$。

如果煤中的 n 和 m 基本相等,则 $x=3/4n$;$y=5/8n$;$z=3/8n$。也就是说,消耗 13g 煤,需要水 13.5g;得到甲烷 10g;排放 CO_2 16.5g。

因此每生产 $1m^3$ 天然气(714.3g)需要标准煤 928.6g、水蒸气 964.3g;排放 CO_2 1178.6g。也就是说生产 $1m^3$ 天然气的煤炭消耗不足 1kg,与传统工艺相比消耗量少于其 1/4。虽然理论估算与实际消耗会有一定差距，但作为奋斗的目标，无疑提供了一个利用可再生能源电力降低煤耗、水耗，同时减排 CO_2 的新型的煤制天然气工艺方向。

9.5
电解模式下的材料问题

SOEC 主要组成材料为电解质、正极（氧电极）、负极（燃料电极）[35]。SOEC 电解质材料除了需要具有高的离子电导率外，高温下还要有足够的热稳定、化学稳定和机械稳定性，同时要与电极材料、连接板等热膨胀系数匹配。SOEC 的电极材料不仅要求有较高的离子、电子混合电导，较强的电催化能力，与电解质匹配的热膨胀系数，还要求在还原或氧化气氛下具有化学和机械稳定性，同时具有足够的孔隙率以利于反应气体传输[36-37]。SOEC 的材料问题主要集中在电极材料方面，相比于 SOFC，SOEC 的工作电压更高、电极处在更加苛刻的环境下、衰减更加严重[38-39]。

传统正极材料 LSM 因具有高的电导率和化学相容性，也被用于 SOEC 的氧电极[40]。但是，研究人员观察到电解过程中氧电极的析氧反应会使其和电解质界面脱层[41]，为此需要开发高活性和长耐久性的 SOEC 氧电极。基于此，有人尝试使用 LSCF-SDC 复合正极材料[42]，为了避免 LSCF 与 YSZ 电解质的反应，在其界面处需要布置一层致密的 SDC 阻挡层。该复合正极材料由于三相界面显著扩展，长期稳定性比 LSM 有较大改善。在高水蒸气分压下长时间工作时，合金连接板中 Cr 的挥发会比较严重，挥发的 Cr 氧化物会沉积到三相界面，引起性能衰减[43]，也可能与 LSCF 等材料形成活性差的反应产物。因此，连接板涂层材料的致密化是需要关注的问题。

SOEC 负极（燃料电极）材料包括金属、金属陶瓷和混合电导氧化物，但目前最常用的燃料电极材料仍是 Ni-YSZ[44]。如果将其应用于 SOEC 电解，在氧化/还原循环稳定性、长期运行稳定性方面还存在一定的不足，主要表现在 Ni 颗粒长时间运行时会长大，导致三相界面减少，同时高的水蒸气浓度可能引起 Ni 的氧化，在氧化、还原过程中由于体积变化而存在应力，影响电池性能[45]。由于密封材料常用微晶玻璃，其中的 Si 在高水蒸气分压下挥发，然后沉积到 Ni-YSZ 的三相界面，这也是负极衰减的原因之一。由于在 Ni-YSZ 负极支撑的 SOEC 结构中，Ni-YSZ 金属陶瓷不仅是电极材料，也是结构材料，因此对其进行改进必将导致电池制备工艺的根本变化，是一个工作量非常大的工程。因此，适当控制系统工况，在水蒸气中预先加入一定量的 H_2，防止 Ni 的氧化是必要的。同时，通过浸渍等方法得到具有陶瓷相分散的 Ni/GDC 纳米颗粒[46]，努力提高电极性能，降低工作温度，并阻止 Ni 颗粒的长大也是必要的。也可研发双电极支撑模式，即首先制备两边为多孔电解质、中间为致密电解质薄膜的三明治结构复合膜，在两边的多孔电解质中分别浸渍、煅烧正极和负极活性物质后，即可以形成电池。该类电池的电极材料选择面宽，制备非常灵活，所以具有广泛的适应性。同时，电极材料的烧结温度显著降低，可以保持其纳米颗粒结构，反应活性界面非常丰富，因而电极性能极高。高的电极性能可以降低工作温度，对改善稳定性十分有利。当然，这些电极也存在颗粒烧结等引起的退化问题，因此，电堆的热管理也非常重要[47]。

此外，负极支撑型电池结构中水蒸气、氢气的扩散路径长，扩散可能成为一个速率控制步骤，特别是由于水蒸气分子量显著大于氢气分子，SOEC 下的扩散问题比 SOFC 下要显著。最近，中科大的学者采用相转化流延工艺制备了具有垂直结构的基本贯通的指状孔[48]，显著改善了传质过程，在水蒸气含量较低的情况下，其传质也没有出现极限电流，电池在 750℃ 下得到了很高的电流密度，为高性能 SOEC 的制备开辟了一条新路（图 9-3）。

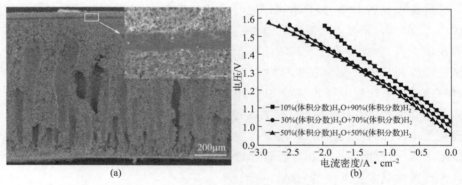

图 9-3　具有指状孔结构的负极支撑型电池结构（a）及其性能（b）[48]

综上所述，要实现长寿命的 SOEC 高温电解技术，还需要解决一系列基础研究和应用的问题，需要在电池性能与寿命衰减机理、关键材料及电池的模型等方面深入研究。由于文献中大多数的研究是基于纽扣电池，很难反映温度分布、反应物浓度梯度等因素的影响。所以大面积电池、电堆和系统运行条件下的测试与分析是更加紧迫的任务。

参考文献

[1]　王云珠. 我国可再生能源消纳制约因素分析及解决对策. 煤炭经济研究，2020，40：4-11.

[2] 李建林，马会萌，惠东.储能技术融合分布式可再生能源的现状及发展趋势 [J].电工技术学报，2016，31：1-10，20.

[3] Jensen S H, Larsen P H, Mogensen M. Hydrogen and synthetic fuel production from renewable energy sources [J]. International Journal of Hydrogen Energy，2007，32：3253-3257.

[4] Ni M, Leung M, Leung D. Technological development of hydrogen production by solid oxide electrolyzer cell（SOEC）[J]. International Journal of Hydrogen Energy，2008，33：2337-2354.

[5] 霍现旭，王靖，蒋菱，徐青山.氢储能系统关键技术及应用综述 [J].储能科学与技术，2016，5：197-203.

[6] 刘金朋，侯焘.氢储能技术及其电力行业应用研究综述及展望 [J].电力与能源，2020，41：230-233，247.

[7] 陈婷，王绍荣.固体氧化物电解池电解水研究综述 [J].陶瓷学报，2014，35：1-6.

[8] 张文强，于波，陈靖，徐景明.高温固体氧化物电解水制氢技术 [J].化学进展，2008，20（5）：778-787.

[9] 徐丽，马光，盛鹏，李瑞文，刘志伟，李平.储氢技术综述及在氢储能中的应用展望 [J].智能电网，2016，4：166-171.

[10] 叶开志，吴志新，郑广州，万正高.固体氧化物燃料电池在电动汽车中的应用 [J].城市车辆，2008，（6）：42-44.

[11] 陈硕翼，朱卫东，张丽，唐明生，李建福.氢能燃料电池技术发展现状与趋势 [J].科技中国，2018，（5）：11-13.

[12] 刘明义，于波，徐景明.固体氧化物电解水制氢系统效率 [J].清华大学学报（自然科学版），2009，49：868-871.

[13] 任耀宇，马景陶，眚青峰，林旭平，张勇，邓长生.高温电解水蒸汽制氢关键材料研究进展 [J].硅酸盐学报，2011，39：1067-1074.

[14] 梁明德.固体氧化物高温电解池材料制备研究 [D].吉林：东北大学，2009.

[15] Gomez S Y, Hotza D. Current developments in reversible solid oxide fuel cells [J]. Renewable & Sustainable Energy Reviews，2016，61：155-174.

[16] 张文强，于波.高温固体氧化物电解制氢技术发展现状与展望 [J].电化学，2020，26：212-229.

[17] 牟树君，林今，邢学韬，周友.高温固体氧化物电解水制氢储能技术及应用展望 [J].电网技术，2017，41：3385-3391.

[18] 张剑光.氢能产业发展展望——制氢与氢能储运 [J].化工设计，2019，29：3-6，26，21.

[19] 周超，王辉，欧阳柳章，朱敏.高压复合储氢罐用储氢材料的研究进展 [J].材料导报，2019，33：117-126.

[20] 王振，于波，张文强，陈靖，徐景明.高温共电解 H_2O/CO_2 制备清洁燃料 [J].化学

进展，2013，25：1229-1236.

[21] 张磊，涂正凯，乔瑜. 固体氧化物电解池共电解 H_2O-CO_2 的发展与应用研究 [J]. 可再
      生能源，2018，36：1554-1560.

[22] 范慧，宋世栋，韩敏芳. 固体氧化物电解池共电解 H_2O/CO_2 研究进展 [J]. 中国工程
      科学，2013，15：107-112.

[23] Wang Y，Liu T，Lei L，Chen F. High temperature solid oxide H_2O/CO_2 co-electrolysis
      for syngas production [J]. Fuel Processing Technology，2017，161：248-258.

[24] 代小平，余长春，沈师孔. 费-托合成制液态烃研究进展 [J]. 化学进展，2000，12（3）：
      268-281.

[25] Faro M L，Zignani S C，Trocino S，Antonucci V，Arico A S. New insights on the co-e-
      lectrolysis of CO_2 and H_2O through a solid oxide electrolyser operating at intermediate
      temperatures [J]. Electrochimica Acta，2019，296：458-464.

[26] Zhang W，Zheng Y，Yu B，Wang J，Chen J. Electrochemical characterization and mechanism
      analysis of high temperature co-electrolysis of CO_2 and H_2O in a solid oxide electrolysis cell
      [J]. International Journal of Hydrogen Energy，2017，42：29911-29920.

[27] Wang Y，Banerjee A，Deutschmann O. Dynamic behavior and control strategy study of
      CO_2/H_2O co-electrolysis in solid oxide electrolysis cells [J]. Journal of Power Sources，
      2019，412：255-264.

[28] Ebbesen S D，Mogensen M. Electrolysis of carbon dioxide in solid oxide electrolysis cells
      [J]. Journal of Power Sources，2009，193：349-358.

[29] 李汶颖. 固体氧化物电解池共电解二氧化碳和水机理及性能研究 [D]. 北京：清华大
      学，2015.

[30] 李一航，夏长荣. 固体氧化物电解池直接电解 CO_2 的研究进展 [J]. 电化学，2020，26：
      162-174.

[31] Li Q，Zheng Y，Sun Y，Li T，Xu C，Wang W，Chan S H. Understanding the occur-
      rence of the individual CO_2 electrolysis during H_2O-CO_2 co-electrolysis in classic planar
      Ni-YSZ/YSZ/LSM-YSZ solid oxide cells [J]. Electrochimica Acta，2019，318：440-448.

[32] Shi Y，Luo Y，Cai N，Qian J，Wang S，Li W，Wang H. Experimental characterization
      and modeling of the electrochemical reduction of CO_2 in solid oxide electrolysis cells [J].
      Electrochimica Acta，2013，88：644-653.

[33] Barelli L，Bidini G，Ottaviano A. Hydromethane generation through SOE（solid oxide
      electrolyser）：Advantages of H_2O-CO_2 co-electrolysis [J]. Energy，2015，90：1180-1191.

[34] 我国煤制天然气行业发展现状及前景预测分析，百度经验，2014.

[35] 赵晨欢，张文强，于波，王建晨，陈靖. 固体氧化物电解池 [J]. 化学进展，2016，28：
      1265-1288.

[36] 马征，刘超，蒲江戈，陈星，周娟，王绍荣. 固体氧化物电解池阴极材料的发展现状
      [J]. 陶瓷学报，2019，40：565-573.

[37] Jiang S P. Challenges in the development of reversible solid oxide cell technologies：a mini review [J]. Asia-Pacific Journal of Chemical Engineering，2016，11：386-391.

[38] Zhang X，Song Y，Wang G，Bao X. Co-electrolysis of CO_2 and H_2O in high-temperature solid oxide electrolysis cells：Recent advance in cathodes [J]. Journal of Energy Chemistry，2017，26：839-853.

[39] Chen K，Jiang S P. Review-Materials Degradation of Solid Oxide Electrolysis Cells [J]. Journal of the Electrochemical Society，2016，163：F3070-F3083.

[40] 梁明德，于波，文明芬，陈靖，徐景明，翟玉春. 阴极支撑 Ni-YSZ/YSZ/LSM-YSZ 固体氧化物电解池制氢性能 [J]. 中国稀土学报，2009，27：647-651.

[41] 范慧. 可逆燃料电池——电解池氧电极复合改性研究 [D]. 北京：中国矿业大学（北京），2014.

[42] 孔江榕，周涛，刘鹏，张勇，徐景明. $La_{0.6}Sr_{0.4}Co_{0.2}Fe_{0.8}O_{3-\delta}$ 基固体氧化物电解池复合阳极的制备及性能 [J]. 无机材料学报，2011，26：1049-1052.

[43] 毕家鑫. SOEC 钙钛矿氧电极材料 Cr 毒化研究及抗 Cr 毒化材料制备 [D]. 武汉：武汉理工大学，2016.

[44] Yu B，Zhang W，Xu J，Chen J，Luo X，Stephan K. Preparation and electrochemical behavior of dense YSZ film for SOEC [J]. International Journal of Hydrogen Energy，2012，37：12074-12080.

[45] 于波，刘明义，张文强，张平，徐景明. 单体固体氧化物电解池极化损失分析及阴极微结构优化 [J]. 物理化学学报，2011，27：395-402.

[46] 邓莉萍，袁永瑞，罗军明，张国光. Ni-GDC 阳极的制备及其孔隙率研究 [J]. 稀有金属快报，2006，25 (11)：22-25.

[47] 朱冕，赵加佩，李欣珂，梁超余，袁金良. 可逆固体氧化物燃料电池（rSOFC）技术的研究进展 [J]. 电源技术，2020，44：469-474.

[48] 蔺杰. 开放直孔电极支撑固体氧化物电池的制备及性能研究 [D]. 合肥：中国科学技术大学，2018.

第 10 章

能源互联网概念下的固体氧化物电池

10.1
引言

现代生活方式强烈地依赖于电网，我国的电网覆盖率和用电方便性是全球最好的。它在为人们提供便利的同时也带来一些问题。首先，电网代表着传统的集中式供电模式，其输送距离远，具有较大的输电损失；其次，火力发电仍然是主要的发电方式，其环境污染已经成为一个亟待解决的问题；最后，集中式供电在自然灾害（台风、地震、雪灾等）面前是脆弱的，由于停电带来的损失不容忽视。分布式发电有望解决上述问题，其原理是采用诸如燃料电池、燃气轮机、斯特林机等小型发电装备，在用电场地现场发电，减少输电损耗[1]。

10.2
分布式供能

分布式供能可以广泛利用分散的能源，例如别墅屋顶的太阳能发电，沼气、生物质气化发电，地热能供暖等。以生物质发电为例，大型发电意味着生物质的收集半径大、成本高，而小型发电则可以利用家庭或者养殖场的沼气或者热裂解生物质气。

图 10-1　日本的家用 SOFC 用能模式

在分布式供能的框架下，大家都是能源的消费者与生产者，可以根据自身需求灵活调节。比如，白天上班时间屋顶的太阳能发电用不完可以卖给电网，供其它用户使用，夜间回家再从电网买电。连续运行的 SOFC 在自身用电少时也可考虑卖电；电动汽车利用夜间充电、白天行驶的模式也可充当削峰填谷的功能。因此，一些应用需要实时通信和管理，及时协调能源的供应方和需求方，使大家能够找到适合自己的个性化的用能模式，从而大大地节约社会资源，提高生活质量，实现真正的近零排放。图 10-1 为日本的家用 SOFC 用能模式。

10.3
多能互补

热网、气网、电网是支撑城市生活的三大能源网络。天然气的管网已经遍布城市的绝大多数家庭，是非常完善和便捷的市政设施；集中式供暖的暖气在北方的冬天是必不可少的。暖气和天然气与电网几乎是独立的。暖气是最低级的能源，除了供暖没其它用处；天然气既可以燃烧供暖，也可以通过溴冷机制冷，必要时也可以发电，是非常灵活的能源；电网的电不仅可以给空调供电，达到供暖或制冷的效果，还可以给其他家用电器供电，所以是最高级的能源。

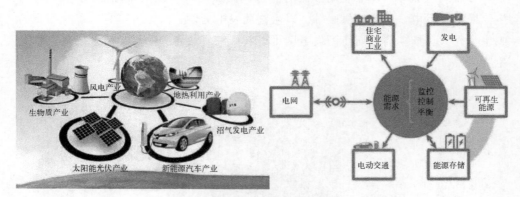

图 10-2　多能互补示意图[2-3]

SOFC 的推广应用有利于热电联供的可能性和经济性，可以根据需求选择灵活的热电比，以满足供电、供热甚至制冷的需求。在前述的 SOEC 技术接入以后，也可以利用夜间的谷电或者富余的可再生能源电力将电能变成天然气。从这个意义上，热网、气网、电网不再是独立的能源网络，而是相互结合、相互支撑的关系。三网合并协调管理将带来效率最大化、成本最低化的优势，这就是多能互补的概念。实际上，多能互补还可以接入太阳能光伏发电、太阳能热水器、地热、热泵等。各种能源的相互支撑以热效率的提高为目的，实现热电联供的经济性。图 10-2 为多能互补示意图。

10.4
SOFC 的作用及其发展方向

在能源互联网的分布式供能体系中，SOFC 被称为"能源路由器"。它可以将天然气变成电能和热能，必要时，SOFC 的逆运行 SOEC 可以将富余的电能结合一部分热能转化为天然气、氢气等燃料，从而实现能量的相互转化和调节。天然气管道、储气罐等作为一个大的能源储存系统，可以通过 SOFC 对电网进行有力的补充。比如，随着电动车的普及，充电桩的需求越来越大，而传统的小区电力容量有限。如果单纯从电网考虑，势必需要增容，增设变压器，甚至因为电力需求的增加而新建发电厂。但是，如果推广利用基于 SOFC 的分布式发电装置用于电动车充电，则可以在不增加电力设备和发电装机容量的情况下解决该问题。由于 SOFC 发出的直流电调压后可以直接用于充电，而且没有输电成本，所以效率特别高。以天然气为燃料的 SOFC 分布式发电本身的排放小、效率高、静音、容量灵活等特点，使得 SOFC 能够很方便地安装到小区内。

在 SOFC 作为热电联供装备的场合，热和电的比例是需要调节的。在寒冷的冬天人们对于热能的需求比较大，而在夏天则希望有更多的电能用于空调机。过去人们习惯以电为主，热作为副产品产生多少是多少，但是在实际应用中有必要考虑热和电需求的变化。当这种变化发生时，可能导致系统调节的滞后甚至紊乱，新的 SOFC 研究应该重视这一问题。在系统集成时应考虑尾气燃烧后烟气的分流，在电堆研发时应重视电堆对于热冲击的耐受性，具体可以从电堆的材料（阳极支撑或金属支撑）、控制模式（充分考虑暂态）、关键部件（高温分流器）等方面的开发上着手。

总之，在多种能量转换技术共存并协调工作的能源互联网中，SOFC/SOEC 作为可以实现电能、化学能相互高效率转化的"能源路由器"，必将发挥重要的作用。

参考文献

[1] Azizi M A, Brouwer J. Progress in solid oxide fuel cell-gas turbine hybrid power systems: System design and analysis, transient operation, controls and optimization [J]. Applied

Energy，2018，215：237-289.

［2］ 新浪南方能源频道. 南网科研院田兵：利用储能促进分布式电源就地消纳. http：//www. escn. com. cn/news/show-458634. html? from＝groupmessage&isappinstalled＝0.

［3］ 中国节能网. 多能互补，如何阐述 $1＋1＞2$. http：//www. ces. cn/news/show-124120. html.

第 11 章

挑战和展望

SOFC 代表着新一代的能量转化技术，本身有很多优点，也存在许多挑战。该技术在国内外已经持续研发数十年，目前在国际上已经初步产业化，在国内也有较扎实的研究基础和广阔的市场需求，但限于研发投入少而未能产业化。SOFC 在国内的发展首先应该立足于解决我国的实际问题，这是战略上的考虑；其次也应该重视市场需求和经济效益，使企业看到盈利的希望，只有这样才能够形成合力，推动 SOFC 技术的健康发展。基于这样的思路，可以考虑开发以下几种用途的产品。

（1）利用沼气、生物质气的热电联供系统

由于我国天然气价格高，电价便宜，因此以天然气发电售电是没有经济效益的。必须充分发挥 SOFC "吃粗粮"的优点，利用秸秆、餐厨废料、人畜粪便、生活垃圾、酿造剩余物、废水处理浓缩物等环境治理中的废物，使之变成沼气或者生物质气。这些气体有较高的热值，且成本低廉或者有环保的红利来分担成本，因此可以将燃料成本降到最低。发电剩余的热能如果能够得到利用，可以节约目前燃烧天然气所需要的燃气费。将售电或节电收益与燃气费节约收益累加，扣除少量的沼气或生物质气成本，能够产生较显著的经济效益。同时，还能产生美化环境的社会效益。因此环保与 SOFC 的结合是今后重要的发展方向。

（2）以石油液化气为燃料的 SOFC 热电联供系统

长期以来，我国北方地区供暖采用燃煤锅炉，甚至直接燃烧散煤，其排放的气体污染环境，被认为是产生雾霾的主要原因。近年来，我国提倡煤改气，禁止散煤的燃烧，这对保护环境是必要的，但是由于天然气价格高、储量不足，也产生了一些问题。部分地区以政府补贴的方式鼓励大家用电取暖，这固然清洁舒适，但由于我国电力构成仍然是火力发电为主，而火力发电效率仅约 40%，加上输配电损失，到达用户时效率只有 30%左右，远远低于燃煤取暖的热效率。所以以电取暖的方式在宏观经济上是很不可取的，其排放在先，不利于环保。这就提出一个问题，北方农村家庭以什么样的方式取暖更加科学？由于天然气管网不能覆盖农村地区，农村能够得到的清洁能源实际上是石油液化气，因此开发以石油液化气为燃料的 SOFC 热电联供系统预计是有较大市场的。其发电可以自用，节约一部分电费用于补贴燃料费，剩余燃料用于分布式供暖。这种系统可以以家庭为单位设计其功率，以解决农村家庭的供暖问题。

（3）SOEC 制氢储能系统

SOEC 用于可再生能源电力的储存，有利于可再生能源电力的健康发展；其产生的氢气可以提供给加氢站，供燃料电池汽车使用。众所周知发展电动汽车，一方面可以提升汽车工业的核心竞争力，另一方面可以缓解对进口石油的依赖，而氢能燃料电池汽车是公认的未来电动汽车的发展方向。大力发展氢能燃料电池汽车必须解决氢从哪里来的问题，还需要解决氢气怎样储运的问题。利用可再生能源电力大规模电解制氢提供了重要的解决方案，而 SOEC 的电解效率最高，产氢量最大。虽然目前 SOEC 成本还比较高，但是其主要是加工成本，随着规模化利用的展开，制造成本将迅速降低。

事实上，世界上最大的 SOFC 供应商 Bloom Energy 的 SOFC 核心材料和部件就来自中国。我国相关资源丰富，制造成本较低，又有巨大的市场，相信 SOFC/SOEC 在我国的产业化即将到来。

索 引